传统村落活态化保护利用丛书｜徐小东主编

“十三五”国家重点研发计划课题（2019YFD1100904）

传统村落活态化保护利用规划设计图集

Atlas of Planning and Design for the Active Protection and Utilization of Traditional Villages

吴锦绣　徐小东　张玫英　等著

東南大學出版社
SOUTHEAST UNIVERSITY PRESS
·南京·

内容提要

本书针对环太湖地区不同级别、类型的传统村落的基本现状和空间布局，提出与之相适应的活态化策略，系统揭示了活态保护规划的技术原理，并阐述了涵盖传统村落历史遗产保护、宜居功能优化、绿色性能提升等内容的传统村落活态化保护利用的层级化、历时性多元路径与上下联动的长效管理机制，提供了可资参考的传统村落活态化保护利用规划设计案例集。

本书立论新颖，技术路线合理，内容翔实，理论与应用并重，适合城市规划、建筑学、风景园林相关领域的专业人士、建设管理者阅读，亦可为高等院校相关专业的师生提供参考。

图书在版编目（CIP）数据

传统村落活态化保护利用规划设计图集 / 吴锦绣等著.—南京：东南大学出版社，2024.12

（传统村落活态化保护利用丛书 / 徐小东主编）

ISBN 978-7-5766-0503-7

Ⅰ.①传… Ⅱ.①吴… Ⅲ.①村落－乡村规划－建筑设计－江苏－图集 Ⅳ.①TU982.295.3-64

中国版本图书馆 CIP 数据核字（2022）第 241140 号

责任编辑：孙惠玉　李倩　　　责任校对：张万莹
封面设计：王玥　　　　　　　责任印制：周荣虎

传统村落活态化保护利用规划设计图集
Chuantong Cunluo Huotaihua Baohu Liyong Guihua Sheji Tuji

著　　者：吴锦绣　徐小东　张玫英 等
出版发行：东南大学出版社
出 版 人：白云飞
社　　址：南京四牌楼 2 号　　　邮编：210096
网　　址：http://www.seupress.com
经　　销：全国各地新华书店
排　　版：南京凯建文化发展有限公司
印　　刷：南京迅驰彩色印刷有限公司
开　　本：787 mm × 1 092 mm　1/16
印　　张：9
字　　数：290 千
版　　次：2024 年 12 月第 1 版
印　　次：2024 年 12 月第 1 次印刷
书　　号：ISBN 978-7-5766-0503-7
定　　价：59.00 元

本社图书若有印装质量问题，请直接与营销部调换。电话（传真）：025-83791830

本书作者

吴锦绣，女，安徽安庆人。东南大学建筑学院教授、博士生导师，哈佛大学设计学院访问学者（2006—2007年），住房和城乡建设部绿色建筑评价标识专家，江苏省一、二星级绿色建筑评价标识专家，中国绿色建筑委员会及绿色校园学组委员，中国民族建筑研究会专家会员，国家自然科学基金通讯评审专家，国际建筑与建设研究创新理事会会员。主要从事绿色建筑、人本尺度的城市设计、景观规划设计等领域的研究和实践工作。主持完成和在研国家自然科学基金项目3项，为主参与3项，主持在研“十三五”国家重点研发计划项目子课题1项，为主参与国家科技部“十一五”科技支撑计划项目1项，发表论文50余篇，出版著作5部，参编教材2部。

徐小东，男，江苏宜兴人。东南大学建筑学院教授、博士生导师，建筑系副主任，香港中文大学、劳伦斯国家实验室访问学者，兼任中国民族建筑研究会建筑遗产数字化保护专业委员会副主任委员，中国建筑学会城市设计学术委员会理事、地下空间学术委员会理事，中国城市科学研究绿色建筑与节能专业委员会委员等。主要从事城市设计理论、传统村落保护与利用的教学、科研与实践工作。主持完成“十二五”国家科技支撑计划课题1项，主持在研“十三五”国家重点研发计划课题1项，主持或参与完成国家自然科学基金项目6项。在国内外学术刊物上发表论文110余篇，出版专著8部，参编教材2部。相关成果获国家或省部级教学、科研与设计一等奖、二等奖等30余项。

张玫英，女，山西运城人。东南大学建筑学院副教授，瑞典皇家理工学院访问学者，国家一级注册建筑师。主要从事住宅及绿色建筑设计等方向的教学、研究与实践工作。参编2部专业教材，出版著作3部，指导学生参加设计竞赛多次获奖，完成工程设计30余项，曾获国际建筑师协会（UIA）大学生建筑设计竞赛奖1项，获国家或省部级教学、科研与设计一等奖、三等奖等6项。

目录

总序

华夏文明绵延千年的文化源脉、气候地貌、风土人情，孕育了中华广袤大地上丰富多姿的传统村落，其深厚的文化底蕴与价值内涵既是现代人记住乡愁、守望家园的重要载体，亦是留存传统文化基因的重要社会空间。改革开放以来，我国城镇化进程显著提升，城市人口快速增长，城市的快速集聚与扩张对传统村落空间的发展产生了重要影响。在此期间，乡村与城市之间不仅经历了空间层面的不断更迭与转换，而且发生了人口资源、生产资料、生态环境等要素的持续迁移与流转，使得传统村落的可持续发展面临日益严峻的挑战。

当下我国传统村落普遍存在人口空心化、老龄化，乡村空间日益破败的现实问题，更为棘手的是我国地缘辽阔，地域文化、传统民居建筑差异性大，经济发展也不平衡。长期以来传统村落的保护利用研究大都基于一种片面的、静态化保护的认知观点，在实践过程中出现了不少困难与阻力，导致传统村落保护与当代经济社会发展持续断层，效果并不理想。传统村落的保护利用需要不断地“活态”造血，与时俱进，与新的发展需求、技术路径与运作机制相结合，走向整体保护协同发展的现代适用模式。因此，如何运用建筑学、城乡规划学、风景园林学、社会学的前沿专业知识与技术，以综合全局的视角提出应对方法，有效统筹生产空间，合理布局生活空间，严格保护生态空间，通过适宜的技术和方法实现传统村落的“三生”（生产、生活、生态）融合发展是目前亟待解决的关键问题。

基于此，本丛书依托“十三五”国家重点研发计划课题“传统村落活态化保护利用的关键技术与集成示范”（编号：2019YFD1100904），针对环太湖区域不同级别、类型的传统村落的生产方式、生活方式、生态系统及其空间设施的差异性活态化要求，进行“历史价值—现状遗存—未来潜力”的匹配分析与组合评判，探讨“三生”融合发展视角下与“整体格局（含公共空间）—民居建筑—室内环境”三层级相适配的传统村落活态化保护利用的多元路径。上述探索涵盖了传统建筑营建技艺、民居内装工业化技术、传统村落活态化保护规划技术、民居建筑活态化设计范式等多个主题。

主题一即传统民居内装工业化技术与应用研究，探索了当代工业化技术对传统村落民居建筑的结构性再认识，甄别了建筑文化表皮与建筑内部功能空间在活态保护中的不同角色，提出了一种“最小介入”的传统民居建筑活化改造模式，力求建造可行、成本可控，为传统民居建筑适应新的生产、生活需求提供了技术范式。

主题二即传统村落活态化保护利用规划设计图集，针对环太湖地区不同级别、类型的传统村落的基本现状和空间布局，提出了与之相适应的活态化策略，呈现了活态化保护规划的技术原理与上下联动的长效管理机制，并阐述了涵盖传统村落历史遗产保护利用、宜居功能优化、绿色性能提升等内容的传统村落活态化保护利用的层级化、历时性多元路径及其技术原理。

主题三即传统村落活态化保护利用建筑设计图集，面向环太湖地区传统村落展现了传统民居建筑中具体的生产、生活特征，并表征为相应的建筑空间形式，从不同层级探索传统民居建筑的现代适用模式与功能优化提升设计方法及其应用，构建了符合地域环境与气候条件、满足当代生活和生产需求、绿色宜居要求的传统民居单体设计案例库。

在乡村振兴的战略导向下，本丛书针对当前传统村落“凝冻式”保护利用存在的现实问题，一方面从“三生”融合视角对传统村落活态化保护利用展开研究，强化传统村落保护利用与新的营建技艺、工业技术、市场规律紧密结合；另一方面从不同层级入手，重点就微观层面的材料、工法、建造技艺传承，到民居建筑的宜居功能优化与绿色性能提升，再到整体村落格局的规划引导、建设管控进行探索，明晰传统村落活态化保护利用的重点在于整体考虑新老村落的内在关联及其代际传承与发展，聚焦地域性绿色宜居营建经验的在地性转化与现代提升等关键技术及其应用体系研究，逐步形成一体化的活态化保护利用理论、方法与关键技术。

总体而言，本丛书以“三生”融合的多维视野，明确了传统村落活态化保护利用的重要意义、关键问题及其总体目标与思路，探索了传统村落活态化保护利用的层级化多元路径及内在机理，初步构建了“三位一体”的活态化保护利用理论及“上下联动”的作用反馈与实施机制。丛书中所介绍的技术体系与实践探索，可为我国不同地域典型传统村落的活态化保护利用与现代传承营建的新方法、新技术和新实践探索提供理论基础和技术支撑。

这套丛书得以顺利出版，首先要感谢东南大学出版社的徐步政先生和孙惠玉女士，他们不但精心策划了“十二五”国家科技支撑计划课题资助的“美丽乡村工业化住宅与环境创意设计丛书”，而且鼓励我继续结合“十三五”国家重点研发计划课题编写“传统村落活态化保护利用丛书”。在乡村振兴的国家战略背景下，我们深感传统村落的活态化保护利用研究责任重大、意义深远，遂迅速组织实施该计划。今后一段时间，这套丛书将陆续出版，恳请各位读者在阅读该丛书时能及时反馈，提出宝贵意见与建议，以便我们在丛书后续出版中加以吸收与更正。

徐小东

2022 年 3 月

前言

在传统村落领域，近年来相关研究大都基于一种客观存在和静态保护的认知理论，在一定程度上导致传统村落缺乏活力。2017年，王建国院士提出，建筑文化遗产并非静态“凝冻”的事物，倡导保护遗产的多样性和创造的多样性并重[1]。2018年，国家提出乡村振兴战略，在此背景下乡村建设的相关理论研究和模式架构需要摆脱原有“静态的”研究视角和保护模式，转向一种“整体的”和“动态的”认识观，进而从“活态化”视角重新审视传统村落的保护利用问题。

本图集中活态化保护利用体现为空间维度的整体保护和时间维度的协同发展这一完整体系，前者重视“三生”融合视角下传统村落物质空间的保护，后者关注非物质文化遗产的活态传承，实现传统村落的渐进发展，其目标是促使传统村落保护利用与村民日常生活相融合，增强村民的幸福感和获得感，使得传统村落发展获得持续的内生动力。

环太湖地区通常系指以苏州为核心，涵盖无锡和常州，及其下辖的宜兴、常熟、昆山和太仓等县级市[2]。该地区自然条件优渥，素有“鱼米之乡”的美誉，历来就是中国最为富庶的地区之一。迄今该地区仍存有大量国家级和省级传统村落，因其留存的传统村落数量众多、建筑质量高和保存状况相对完好而具有重大影响。与此同时，与我国其他地区的传统村落一样，环太湖地区传统村落也面临着基础设施条件较差、房屋年久失修、居住环境不佳的问题，再加上产业发展动力缺乏、大量年轻人流向城市也使得传统村落的“老龄化”和“空心化”现象愈发明显，活态化保护利用的任务已日益急迫。

一方面，环太湖地区的地貌受到长江、太湖及其周边低山丘陵的共同作用，以平原和水网地形为主，湖荡遍布，沟渠纵横，属于典型的江南水网地形。先民们在与水的共生共荣中学会了依水而生、逐水而居，对水网进行着不断地适应与改造，传统村落和市镇由此发展与兴盛。另一方面，宁镇山脉余脉、茅山山脉和宜溧山地点缀其间，与遍布的水系共同构成了环太湖地区所独特的山水环境，对于区域内传统村落的早期选址和村落格局的形成起到了重要的作用。

依山靠水的环太湖流域内的传统村落大多依山水而建，在没有山的水网平原地区，水系成为传统村落选址的核心影响因素。因水而兴，水起到重要的生活、交通和商贸作用，水系的形态也往往决定了传统村落的选址和空间发展脉络。从与传统村落相邻水体的形态来看，传统村落的选址布建大体可以分为四类：接临湖塘等大水面，布建依托长江，布建位于河渠之畔，或建于水系环绕的高敞之地。其中第一类虽然邻湖塘者不少，如苏州东山、西山诸村聚落择址多位于面湖的山麓地，聚落依然建于河畔，但并不直接邻湖，而是通过水道与太湖联系。第二类也有少量毗邻长江，水系在这里提供了交通、生产、生活的基础。第三类是更多的聚落与水的关系是枕内河而置，夹河而营，水街成为聚落交通生活的中心。第四类则以无锡礼社村为典型，聚落内并无贯穿的水道水街，其择址于周水环绕的高爽之地，周边水潭星布，十八条水浜环绕村落。

环太湖地区内传统村落的选址和格局取决于村落周边及内部的水系形态格局，周边的水系格局一般可以分为网状、“井”字形、鱼骨状和环绕状几种。网状水系格局多见于大规模的聚落形态，而规模较小的古镇和传统村落常以两横两纵的“井”字形水系格局或者纵横的“十”字形水系格局构成聚落骨架。鱼骨状水系是最常见的水乡村镇的水系形态，通常有一条主水系贯通，两侧通过若干与主水道垂直的小的水巷构成鱼骨状水系。

由于环太湖地区的水系兼具生活、交通和商贸作用，丰富的水网体系为集市贸易提供了便利的水运条件，因而几乎所有重要的集镇和传统村落均有贯穿而过的河道。传统村落中的街巷原本就是市集交易的地点，故街与水的关系相当紧密，尤其是传统村落中的主街往往始于水系中的重要码头，如无锡的礼社村；沿街沿河区域常为村落中最繁华、最热闹的商业和文化区域，如宜兴的周铁传统村。在传统村落中，巷是街的延续，主要起到承载日常生活的功用。巷一般较窄，两侧分布着民居建筑，布局较为紧凑。街巷格局共同构成了传统村落的主要空间结构。

本图集从“三生”融合视野出发，针对环太湖地区不同级别、类型的传统村落的基本现状和空间布局，在村落总体层面综合考虑其生产、生活和生态要素，对活态化保护利用整体策略和方法进行了综合考量，确立了活态化保护利用的总体定位，进而提出近期、中期和远期相结合的分期、分步实施的路径，以及与之相适应的活态化策略。同时，本图集还呈现了活态保护规划的技术原理与上下联动的长效管理机制，并阐述了涵盖传统村落历史遗产保护利用、宜居功能优化、绿色性能提升等内容的传统村落活态化保护利用的层级化、历时性多元路径及其技术原理。

在本图集的编写过程中得到了东南大学建筑学院的大力支持，感谢课题组王伟、王海宁、李新建、徐宁、李海清等诸位教授的长期参与和悉心指导。2019 级、2020 级、2021 级硕士研究生，2017 级本科生参与了基于“十三五”国家重点研发计划课题“传统村落活态化保护利用的关键技术与集成示范”所展开的环太湖地区传统村落调研与活态化保护设计及研究工作；硕士研究生刘琦、颜世钦、李雨昕、姜骁轩等完成了该书内容的梳理及版式试排等工作。东南大学出版社的徐步政先生、孙惠玉女士给予了热诚的帮助和支持。对于以上各位及未能一一列出的关心和支持者，在此呈上衷心的感谢！

本书的编写难免存在错误与不足之处，敬请各位同行和读者提出宝贵意见，以便今后在修编工作中进一步改正和优化。

吴锦绣

2022 年 3 月

参考文献

[1] 许旸，杨越童．让历史建筑“活化性再生”[EB/OL].(2017-04-12)[2021-04-18]. http://dzb.whb.cn/html/2017-04/12/content_543210.html.

[2] 中华人民共和国住房和城乡建设部．中国传统建筑解析与传承（江苏卷）[M]. 北京：中国建筑工业出版社，2016.

1 环太湖地区传统村落调研分析

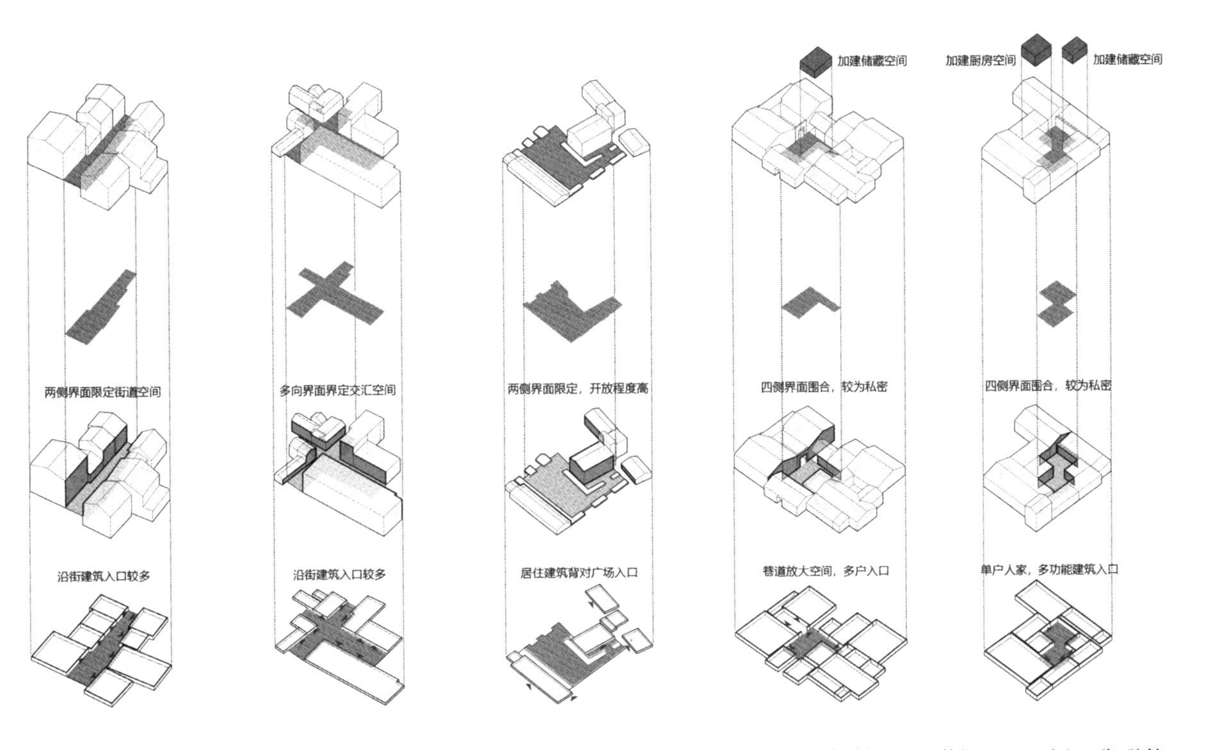

加建储藏空间
加建厨房空间
加建储藏空间
两侧界面限定街道空间
多向界面界定交汇空间
两侧界面限定，开放程度高
四侧界面围合，较为私密
四侧界面围合，较为私密
沿街建筑入口较多
沿街建筑入口较多
居住建筑背对广场入口
巷道放大空间，多户入口
单户人家，多功能建筑入口

设计：　吴正浩　徐欣荣　李　斐　陈洁颖　罗淇桓　王　涵　张聪慧
　　　　颜世钦　刘　琦　陈　瑾　李雨昕

整理：　刘　琦　颜世钦　吴正浩　陈　瑾　李雨昕

1.1 传统村落调研

课题组从“生产”“生态”“生活”三个方面采取线上和线下相结合的方式对我国面广量大的传统村落进行了四次集中调研。线上调研主要是文献阅读和案例研究。线下调研主要分为四次，最终完成了我国各地共计 47 个传统村落的调研：第一次调研涵盖了华东、华中、华南和西南地区的 22 个村庄；第二次调研对 5 个不同类型的贵州少数民族村落进行了详细调研；第三次调研主要对江浙环太湖地区的 17 个传统村落展开了深入研究；第四次调研主要研究贵州石阡县的 3 个少数民族村落。四次调研共回收问卷 1 000 余份。

在调研中，课题组基于不同地域传统文化、地理环境与社会经济的显著差异，针对不同级别、不同类型、不同遗存状况、不同现实发展条件与发展潜力的村落特征，采用文献阅读、现场调研实测与多源数据获取相结合的方式，梳理目前的研究体系和研究成果，收集相关数据。在现场调研实测中，通过田野调查、重点建筑测绘、村委会调研、调查问卷填写和村民访谈等方式广泛收集相关数据，建立传统村落大数据平台，构建“三生”融合视野下的传统村落活态化综合评价体系。

以环太湖地区为例，通过对 17 个传统村落调研数据的分析发现，传统村落样本物质空间最具特色的风貌往往存在于三个层级：一是总体格局很有特色且保留完整，如浙江湖州的义皋村和江苏苏州的陆巷古村，其周围的山水环境都非常具有江南水乡的特点，村落整体和山水环境关系密切，形成了独具特色的整体格局。二是历史建筑质量高且保存状况好。例如，江苏苏州堂里古村的仁本堂、心远堂和容德堂所构成的“三名堂里”成为该村落最主要的特色；苏州陆巷古村不仅总体格局保护完整，而且也是目前江南建筑群体中质量最高、数量最多、保存最完好的古村落，最为著名的是村中有明代老街——紫石街、惠和堂（王鏊故居）、宝俭堂、怀德堂、怀古堂等。三是建筑室内环境和建造技艺顺应当地的气候特色、生活方式、建造技术和材料形式，呈现出非常经济有效又独具特色的做法。因而在本书后续活态化保护利用路径整体架构的研究中，课题组会基于调研分析从传统村落最具特色的“村落整体格局、单体建筑、室内环境”三个层级出发，在“三生”视角下展开有针对性的研究。

村落名称	地理位置	类型	等级	生产现状				生活现状					生态现状		风貌特色		
				人口/人	收入/万元	人均收入/万元	特色产业	人居环境设施完善度	交通	生活设施	特色文化	活力	山水自然环境	村落空间环境	总体格局	历史建筑	室内环境与建造技艺
周铁传统村	江苏省宜兴市	平原水网型	省级	4 584	—	约 1.3	特色产业发展良好，以水芹、莲藕、葡萄、苗木栽培、水产养殖为特色	一般	便捷	基础设施齐全，建设状况良好	太湖水防首镇；千年港口商埠；东南文教名区	村落人气活力不足	山水自然环境特色优良	村落空间环境特色优良。古镇中有城隍庙、竺西书院以及一棵千年古银杏树等遗迹	√	√	
陆巷古村	江苏省苏州市吴中区	平原水网型	国家级	4 710	仅旅游业便超 500	超过 1.5	特色产业发展良好，以旅游业和文化产业为主，以苏绣、茶叶、枇杷、柑橘等农产品为特色	高	较便捷	生活性基础设施齐全	村内特色文化生活较为丰富	村落人气活力较高	山水自然环境特色优良，三面环山、临湖亲水	村落空间环境特色优良，传统格局保存好，完整保留了“一街六巷三河浜”的总体格局	√	√	√
堂里古村	江苏省苏州市吴中区	山地资源型	国家级	538	—	—	特色产业发展良好，以种植业和旅游业为主，第三产业仍处于起步阶段	较高	较便捷	生活性基础设施齐全	—	村落人气活力一般	山水自然环境特色优良，背山面湖，依山傍水	村落空间环境特色优良，“街—巷弄”的传统格局比较清晰		√	√
仰峰村	浙江省湖州市长兴县	山地资源型	国家级	1 453	超过 120	超过 3	发展良好，以林业、矿山资源开发及旅游业为主，旅游民宿产业发达	高	非常便捷	基础设施齐全，但无卫生室，村民看病需要到村外	新四军红色文化	人气活力不足，年轻人回流少，但旅客较多	山水自然环境特色优良，森林覆盖面积达 80%	村落空间环境特色优良，拥有保存最完整、规模最大的苏浙军区革命旧址群，有江南小延安之称		√	√

传统村落调研数据整理样表示意图

1.2 典型村落概况

周铁传统村

周铁镇位于宜兴市东北部，东面毗邻太湖，北面和常州市武进区为邻，镇域面积约为 73 km^2，常住人口为 5.7 万人（2019 年）。周铁镇山清水秀，土地肥沃，特产丰富。周铁镇因周朝设铁官于此而得名，是一个有着 2 700 多年历史的江南历史文化和商贸古镇，周铁传统村就是周铁镇历史发展中最为古老的区域，在漫长的发展历程中形成了以十字河和十字街（东西街与南北街）为主要空间轴线的格局。

陆巷古村

陆巷古村位于东山西侧，与西山隔湖相望，被两山环抱与太湖相连，景色、风水极佳，环境宜人。陆巷古村始建于南宋，在明清时期达到鼎盛，距今已有 800 多年，是中国典型的传统村落，具有中国旧有的江南村落的诸多特点。陆巷古村在 1986 年被确定为吴县文物保护单位，在 2005 年又入选苏州市第一批控制保护古村落名单。陆巷古村在一定程度上还保持着“原生态”的面貌，是现今苏州地区保存较为完整的一个古村落。在村落的长期发展过程中逐渐形成了严格遵循宗族理念的“一街六巷三河浜”的空间结构。村内保留下来的历史建筑众多，质量较高，保存较为完好。

但陆巷古村同样面临建筑年久失修、居住环境差的问题。此外，大量年轻人流向城市，使得村落的“老龄化”和“空心化”现象也愈发明显，陆巷古村的活态化保护利用的任务已经迫在眉睫。

堂里古村

堂里古村位于太湖洞庭西山西北端的湖湾山麓，地处缥缈峰南坡水月坞前庭，沿福延涧向太湖边生长，体现了古人逐水而居的习性。相传在鼎盛时期，堂里古村内有大小厅堂 72 座，其中以仁本堂、心远堂、容德堂三座大厅堂的声名最为显赫，“三名堂里”之称也由此而来。堂里古村的原生格局与形态保留较好，村内现存大、中、小古厅堂 10 余处，其中仁本堂（西山雕花楼）成为知名旅游景点。但堂里古村在发展中也遇到了许多困难，如产业发展动力缺乏、村内人口流失、村落整体客流量稍显不足等，因此，亟待引入“活态化”的保护发展思路，同时需要提升建筑性能和空间品质，以增强村民获得感和村落吸引力。

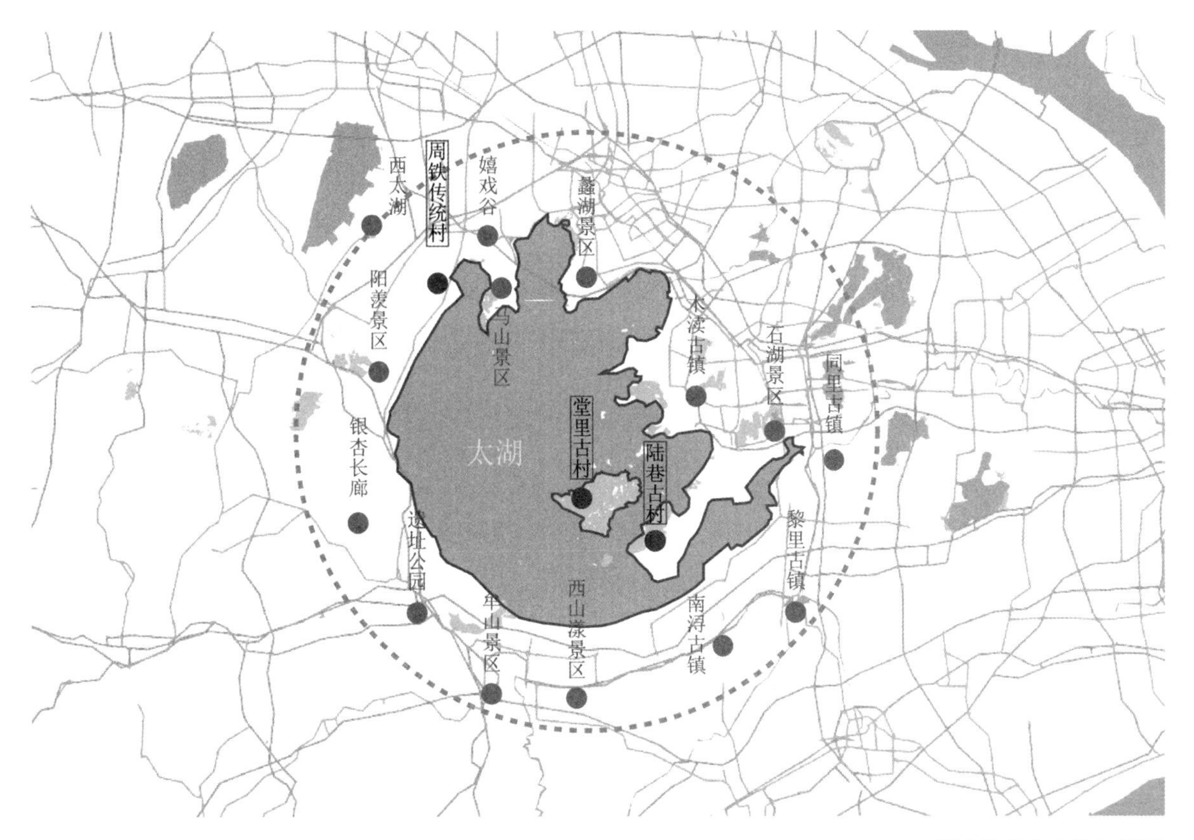
西太湖
周铁传统村
嬉戏谷
蠡湖景区
阳羡景区
马山景区
木渎古镇
石湖景区
同里古镇
太湖
堂里古村
陆巷古村
银杏长廊
遗址公园
黎里古镇
南浔古镇
弁山景区
西山漾景区

环太湖著名古镇与景区

1.2.1 周铁传统村

区位规划

周铁传统村位于宜兴市东北部，东濒太湖，南靠新庄，西与芳桥、万石接壤，北与常州市武进区为邻，交通便利，区位优势明显。

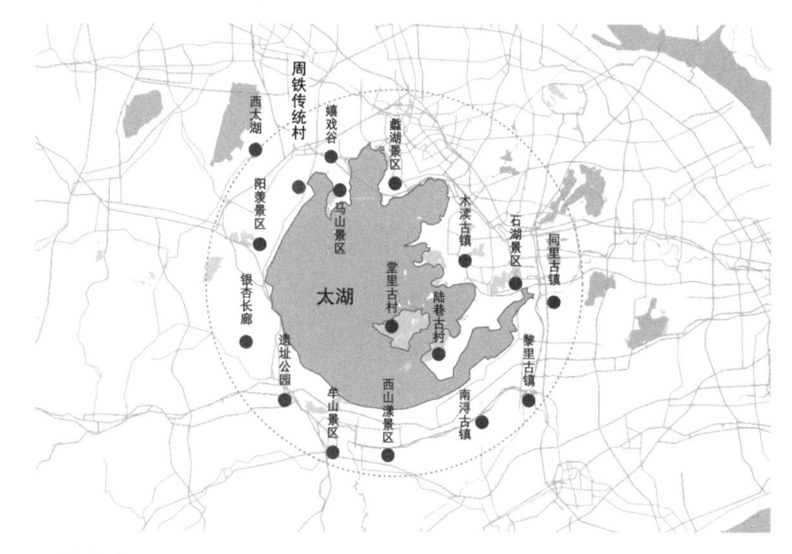

西太湖
周铁传统村
嬉戏谷
蠡湖景区
阳羡景区
马山景区
太湖
木渎古镇
石湖景区
同里古镇
堂里古村
陆巷古村
银杏长廊
遗址公园
黎里古镇
牟山景区
西山漾景区
南浔古镇

周铁传统村区位

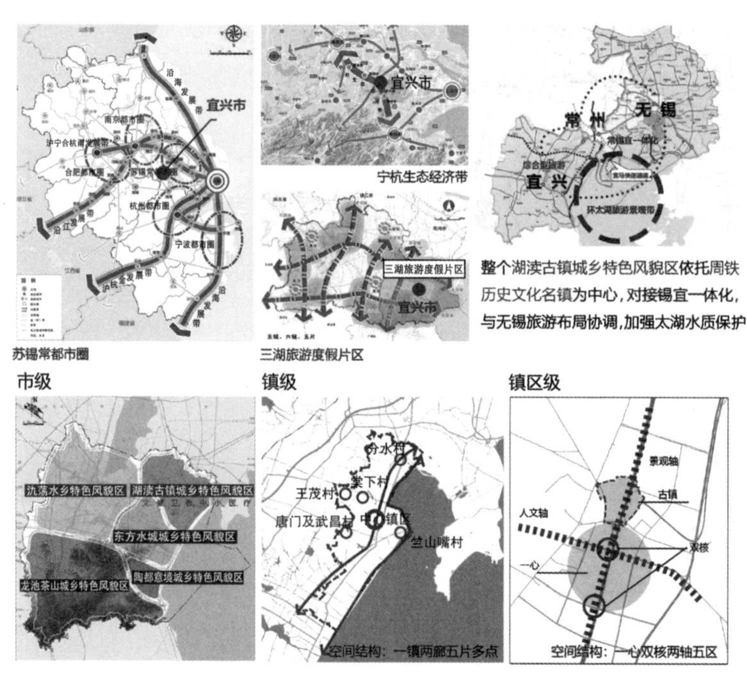

宜兴市
沿海发展带
南京都市圈
沪宁合杭甬发展带
合肥都市圈
杭州都市圈
宁波都市圈
沿江发展带
沪杭金发展带
宁杭生态经济带
三湖旅游度假片区
常州
无锡
宜兴
环太湖旅游景观带
整个湖渎古镇城乡特色风貌区依托周铁历史文化名镇为中心，对接锡宜一体化，与无锡旅游布局协调，加强太湖水质保护
苏锡常都市圈
三湖旅游度假片区
市级
镇级
镇区级
沆荡水乡特色风貌区
湖渎古镇城乡特色风貌区
东方水城城乡特色风貌区
龙池茶山城乡特色风貌区
陶都意境城乡特色风貌区
分水村
王茂村
唐门及武昌村
镇区
竺山嘴村
空间结构：一镇两廊五片多点
景观轴
古镇
人文轴
双核
一心
空间结构：一心双核两轴五区

上位规划

《江苏省高速公路网规划（2017—2035年）》与《宜兴市城市总体规划（2017—2035年）》规划江宜高速、宜马快速通道、锡宜城际轨道S2号线等重大基础设施建设，提高了周铁的可达性。

锡宜一体化规划中的大拈花湾项目可为周铁的发展注入新动力。2013年规划的生态农业园是周铁可游景点之一。

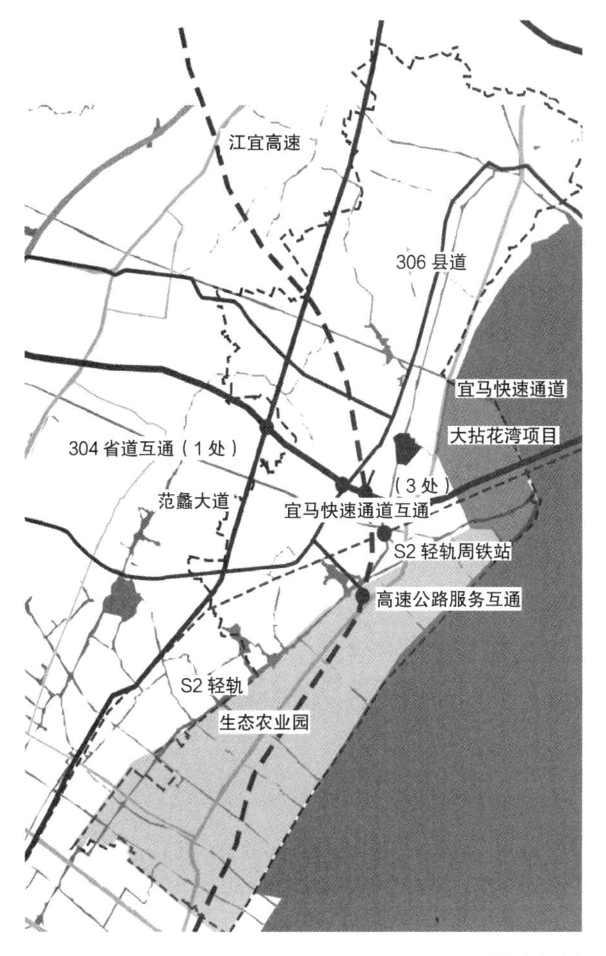
江宜高速
306县道
宜马快速通道
大拈花湾项目
304省道互通（1处）
（3处）
范蠡大道
宜马快速通道互通
S2轻轨周铁站
高速公路服务互通
S2轻轨
生态农业园

周边规划

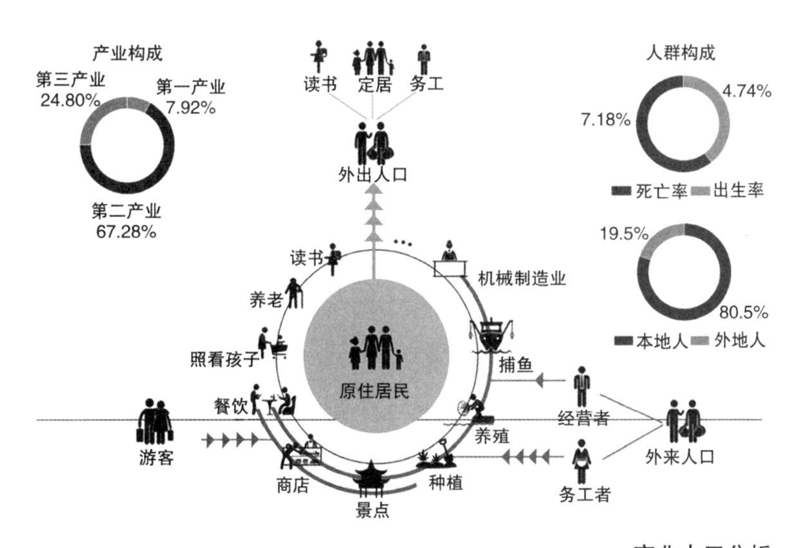
产业构成
第三产业
24.80%
第一产业
7.92%
第二产业
67.28%
读书
定居
务工
外出人口
人群构成
7.18%
4.74%
死亡率
出生率
19.5%
80.5%
本地人
外地人
读书
养老
照看孩子
餐饮
商店
景点
种植
养殖
捕鱼
机械制造业
原住居民
游客
经营者
务工者
外来人口

产业人口分析

历史文化

据史书记载，周铁村在周朝时就已经形成建制。从古至今，周铁村就有兴教助学、重视教育的风俗，从南宋著名词人蒋捷，到清末举人沙彦楷，再到中国留英硕士第一人曹梁厦“一门子侄七博士”，从周铁村走出的贤臣良士、学者名流不胜枚举，“阳羡状元地，周铁教授乡”的美名代代相传。

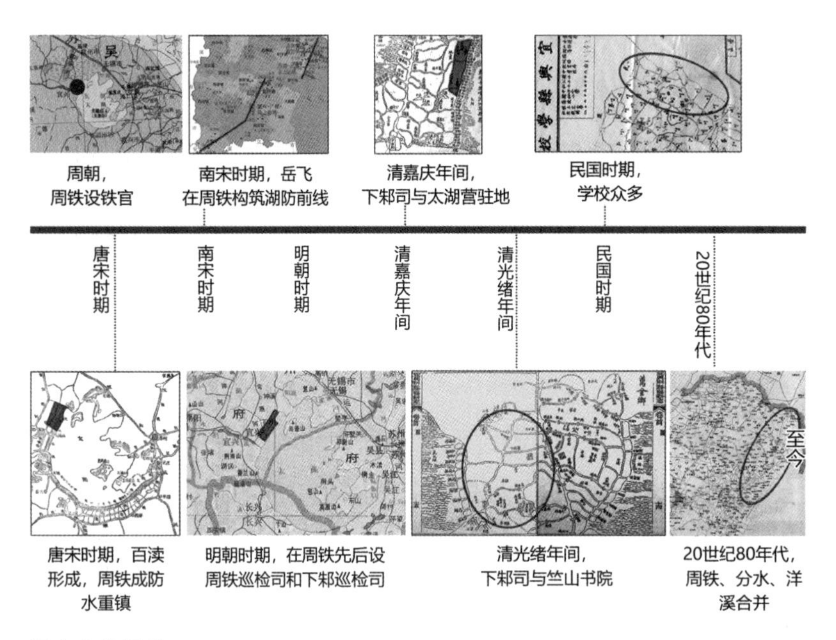
周朝，
周铁设铁官
南宋时期，岳飞
在周铁构筑湖防前线
清嘉庆年间，
下邾司与太湖营驻地
民国时期，
学校众多
唐宋时期
南宋时期
明朝时期
清嘉庆年间
清光绪年间
民国时期
20世纪80年代
至今
唐宋时期，百渎
形成，周铁成防
水重镇
明朝时期，在周铁先后设
周铁巡检司和下邾巡检司
清光绪年间，
下邾司与竺山书院
20世纪80年代，
周铁、分水、洋
溪合并

历史文化沿革

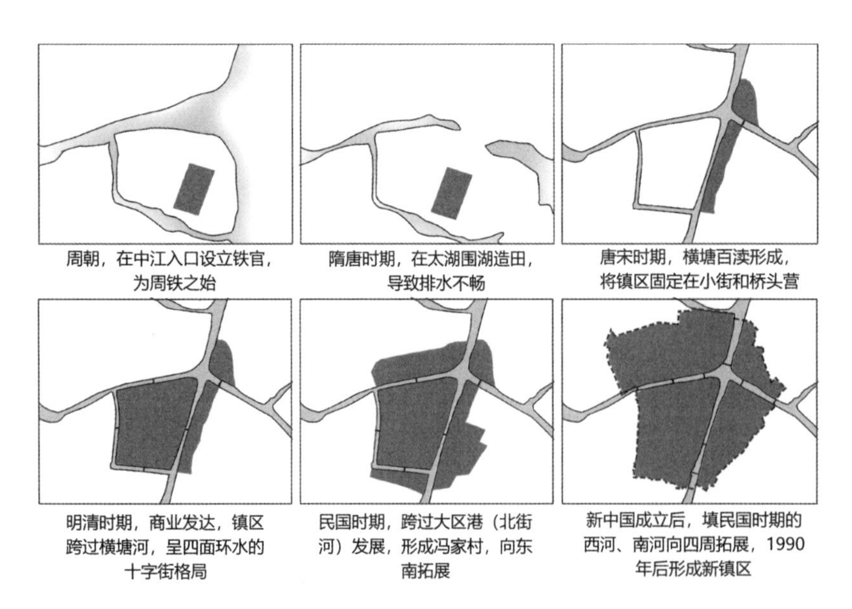
周朝，在中江入口设立铁官，
为周铁之始
隋唐时期，在太湖围湖造田，
导致排水不畅
唐宋时期，横塘百渎形成，
将镇区固定在小街和桥头营
明清时期，商业发达，镇区
跨过横塘河，呈四面环水的
十字街格局
民国时期，跨过大区港（北街
河）发展，形成冯家村，向东
南拓展
新中国成立后，填民国时期的
西河、南河向四周拓展，1990
年后形成新镇区

历史空间演变

无锡道教音乐

道教音乐又称“道场音乐”，是道教斋醮科仪活动中所使用的音乐。道教音乐与道教一样，都是发端于古代巫觋的祭祀歌舞。道教音乐由器乐和声乐两个部分组成

周铁鹞笛风筝制作技艺

起源于中国的风筝，古称“南鹞北鸢”。周铁地处太湖西岸，风力和顺、稳定，放飞风筝拥有得天独厚的条件。周铁镇自古以来盛行制作和放飞风筝，且喜爱在鹞绳上系鹞笛和鹞灯，这也成为周铁放风筝的一大特色

宜兴庙会

庙会，亦称庙市，既是集市形式之一，也是传统民俗活动。历史上宜兴的庙会多以庙内供奉菩萨的诞辰为举办日期。传统的宜兴庙会将烧香拜佛、菩萨初会等宗教活动与城乡物资交流、民间文艺展示融于一体

宜兴节场（官林节场、分水节场）

宜兴节场是跨地域的重大民俗活动，承载着促进城乡物资交流、发展地方农业经济和丰富群众文化生活等多种功能

男欢女嬉、踩裼莽（中盘）

男欢女嬉、踩裼莽是同一个假面双人舞，为宜兴地区所独有。在600多年的传承中，按照人体上部、中部、下部不同区间的形体表演差别形成了上盘、中盘和下盘三个流派。三种流派师出同门，历史传说和传承方法相同，表演地点、衣饰道具、伴奏音乐基本相似，故事情节、表演内容也大同小异

宜兴说大书

宜兴说大书源于宋代说话伎艺，有表，有白，有类似赋攒的韵文，与现今的苏州评话相似。宜兴说大书是用苏州方言和宜兴方言讲故事的语言艺术，多为单档（即一人独说），少有双档(即二人合说)

非物质文化遗产

村落结构

周边镇区有着较为完善的商业、医疗、教育和交通基础设施，周铁传统村的空间节点和系统丰富而明确。

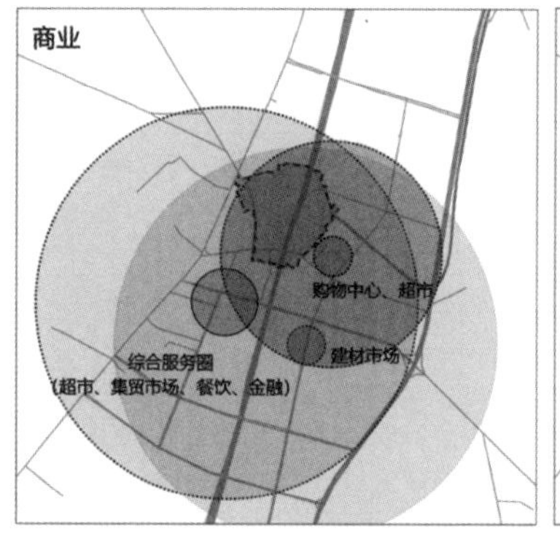
商业
购物中心、超市
建材市场
综合服务圈
（超市、集贸市场、餐饮、金融）

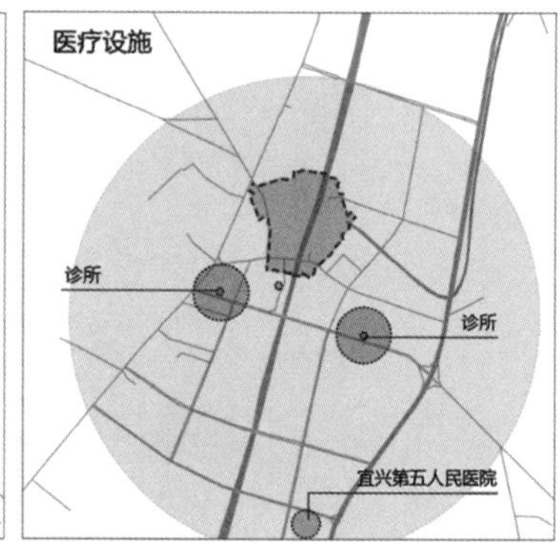
医疗设施
诊所
诊所
宜兴第五人民医院

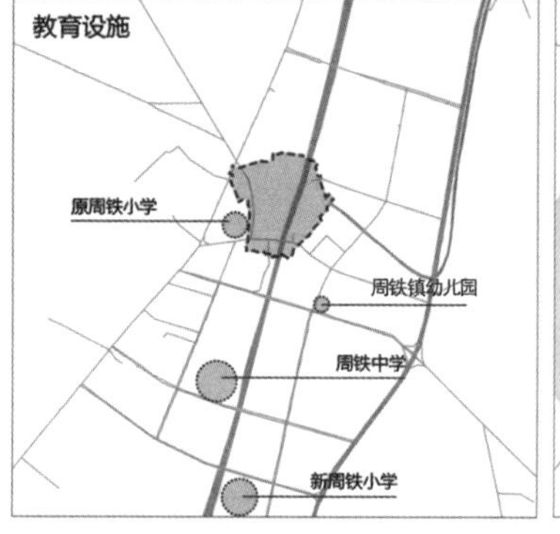
教育设施
原周铁小学
周铁镇幼儿园
周铁中学
新周铁小学

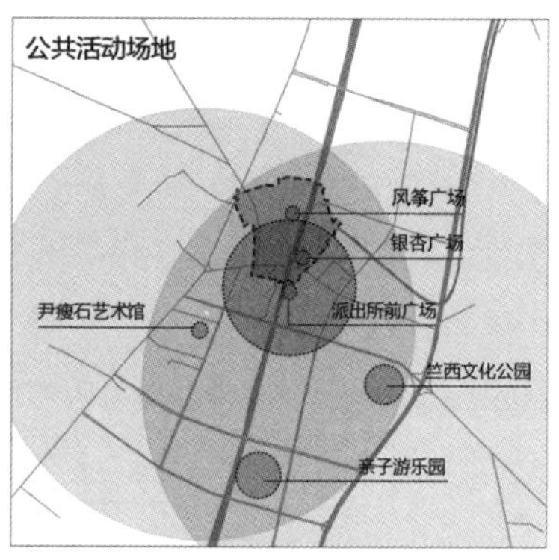
公共活动场地
风筝广场
银杏广场
尹瘦石艺术馆
派出所前广场
兰西文化公园
亲子游乐园

周边服务配套分析

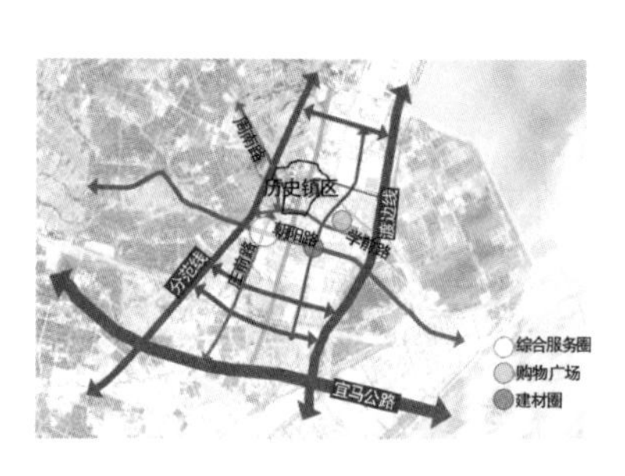
历史镇区
宜马公路
综合服务圈
购物广场
建材圈

道路交通分析

优势分析 Strengths

（1）优越的地理位置

（2）历史格局和生活形态有着高度的真实性，风貌保存尚好

（3）有特色产业、特色建筑、众多的空间节点

（4）其中有 70% 的居民是原住民，这里具备一定安全舒适的居住环境

（5）居民有着较高的生活情趣，热爱种植

（6）具有独特的研究价值

劣势分析 Weaknesses

（1）市政设施落后，建筑破败，物质生活环境有待提升

（2）精神生活空间、公共生活空间不足

（3）步行系统凌乱

（4）土地利用不合理

（5）定位不明确

S

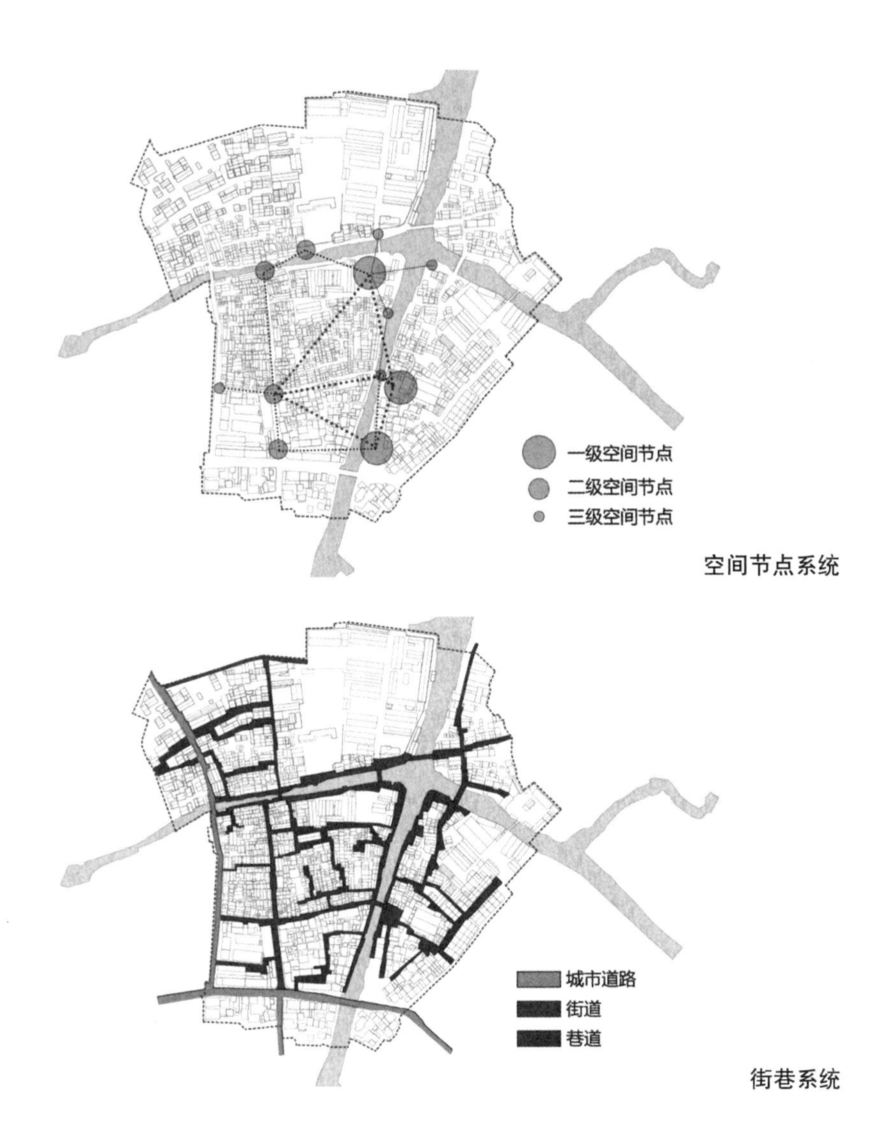
一级空间节点
二级空间节点
三级空间节点
城市道路
街道
巷道

空间节点系统

街巷系统

机遇分析 Opportunities

（1）人口呈现老龄化

（2）青年居民渐渐出现外迁的迹象

挑战分析 Threats

（1）战略机遇期：

《乡村振兴战略规划（2018—2022年）》

（2）旅游发展期：

历史文化丰富、特色产业繁多、隧道打通等使得周铁镇具有发展潜力

W
O
T

态势分析（SWOT分析）

公共空间

在由河道与路网划分村落整体空间结构的基础上，将建筑之外的公共空间分为三个层级——开放空间、半开放空间与私密空间。其对应的空间形态与服务对象如右图所示。

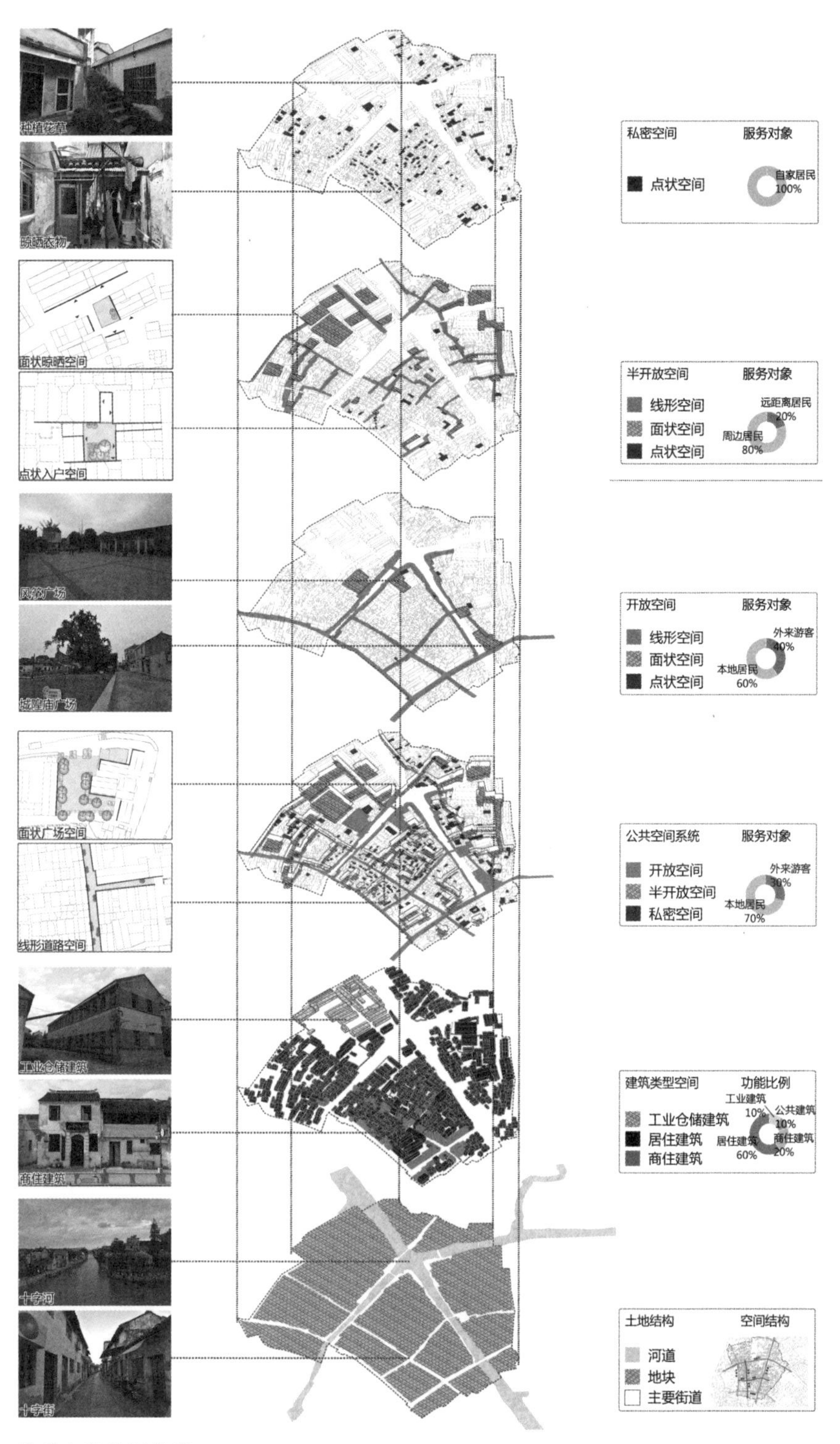

种植花草
晾晒衣物
面状晾晒空间
点状入户空间
风雨广场
城隍庙广场
面状广场空间
线形道路空间
工业仓储建筑
商住建筑
十字河
十字街
私密空间
服务对象
点状空间
自家居民
100%
半开放空间
服务对象
线形空间
面状空间
点状空间
远距离居民
20%
周边居民
80%
开放空间
服务对象
线形空间
面状空间
点状空间
外来游客
40%
本地居民
60%
公共空间系统
服务对象
开放空间
半开放空间
私密空间
外来游客
30%
本地居民
70%
建筑类型空间
功能比例
工业仓储建筑
居住建筑
商住建筑
工业建筑
10%
公共建筑
10%
居住建筑
60%
商住建筑
20%
土地结构
空间结构
河道
地块
主要街道

公共空间分级分类

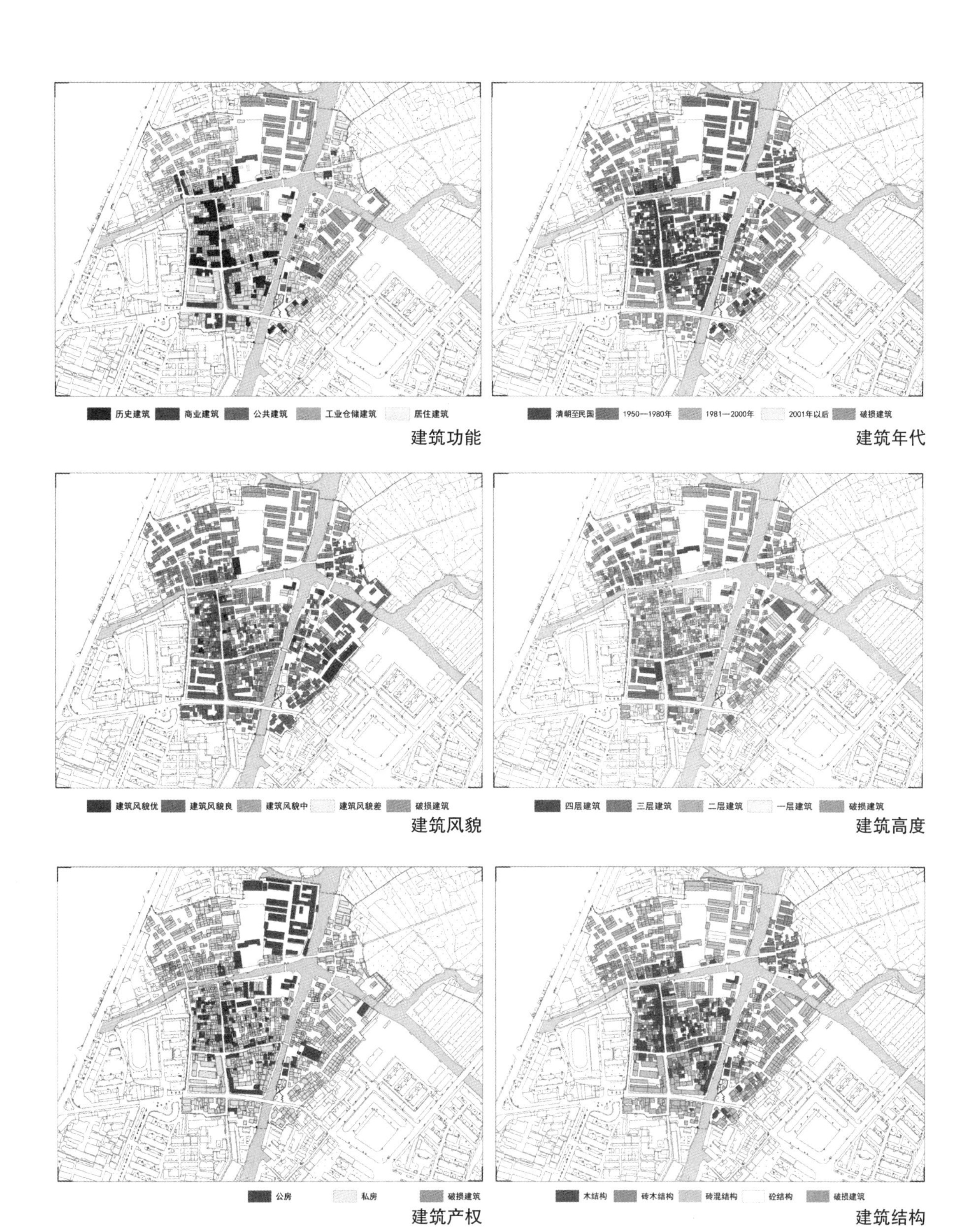
历史建筑
商业建筑
公共建筑
工业仓储建筑
居住建筑
清朝至民国
1950—1980年
1981—2000年
2001年以后
破损建筑
建筑风貌优
建筑风貌良
建筑风貌中
建筑风貌差
破损建筑
四层建筑
三层建筑
二层建筑
一层建筑
破损建筑
公房
私房
破损建筑
木结构
砖木结构
砖混结构
砼结构
破损建筑

建筑功能

建筑年代

建筑风貌

建筑高度

建筑产权

建筑结构

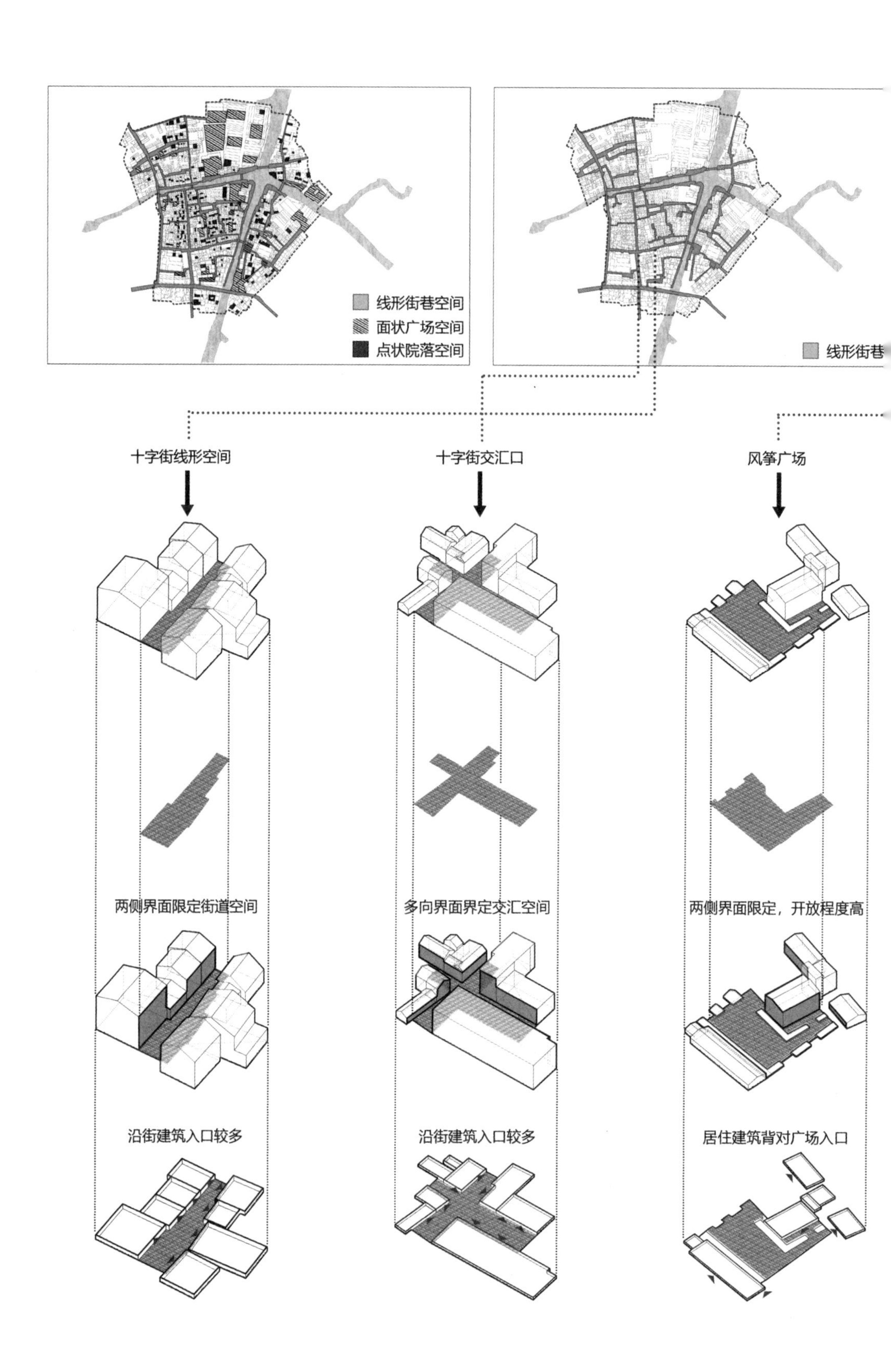
线形街巷空间
面状广场空间
点状院落空间
线形街巷
十字街线形空间
十字街交汇口
风筝广场
两侧界面限定街道空间
多向界面界定交汇空间
两侧界面限定，开放程度高
沿街建筑入口较多
沿街建筑入口较多
居住建筑背对广场入口

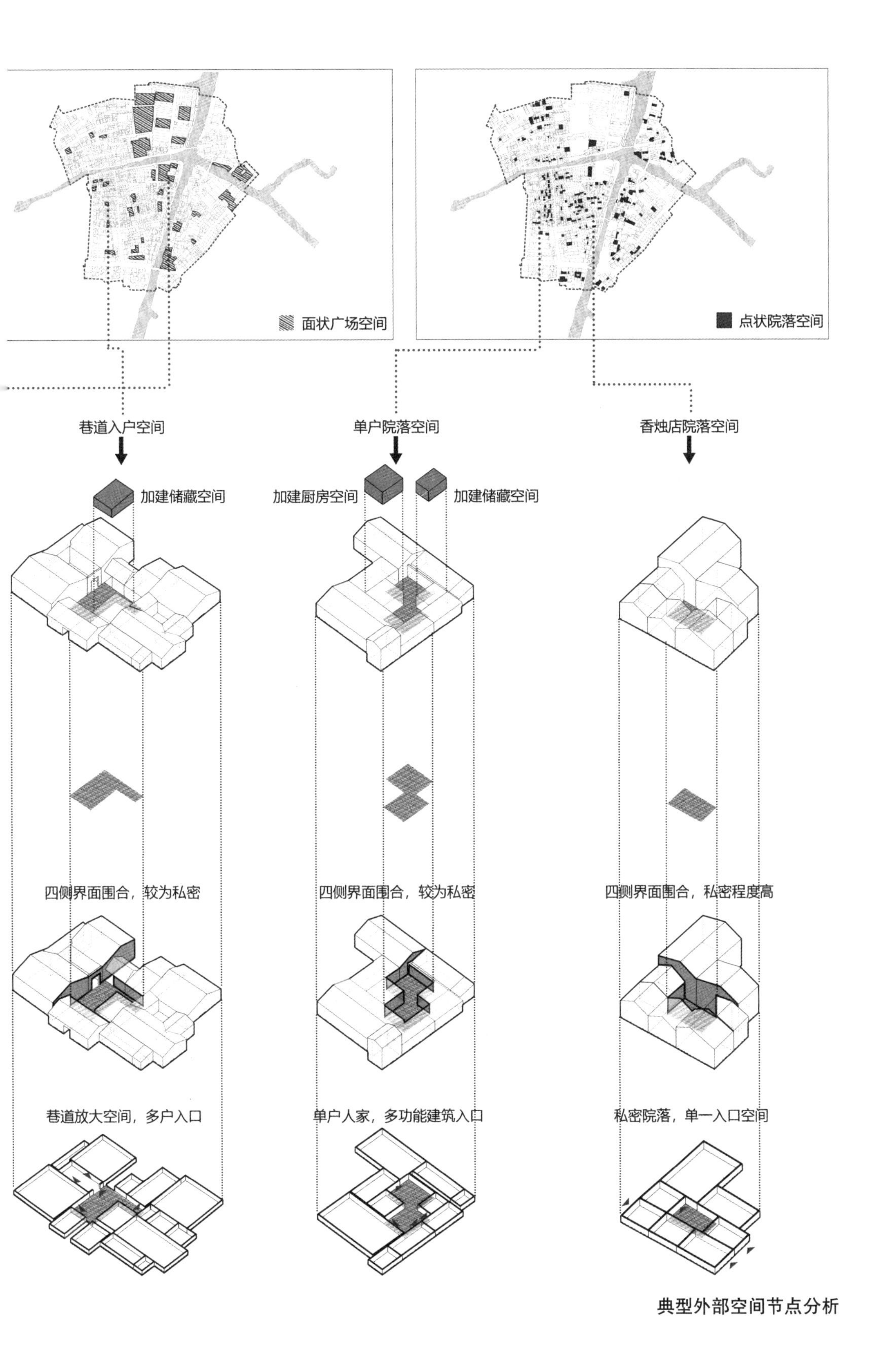
面状广场空间
点状院落空间
巷道入户空间
单户院落空间
香烛店院落空间
加建储藏空间
加建厨房空间
加建储藏空间
四侧界面围合，较为私密
四侧界面围合，较为私密
四侧界面围合，私密程度高
巷道放大空间，多户入口
单户人家，多功能建筑入口
私密院落，单一入口空间

典型外部空间节点分析

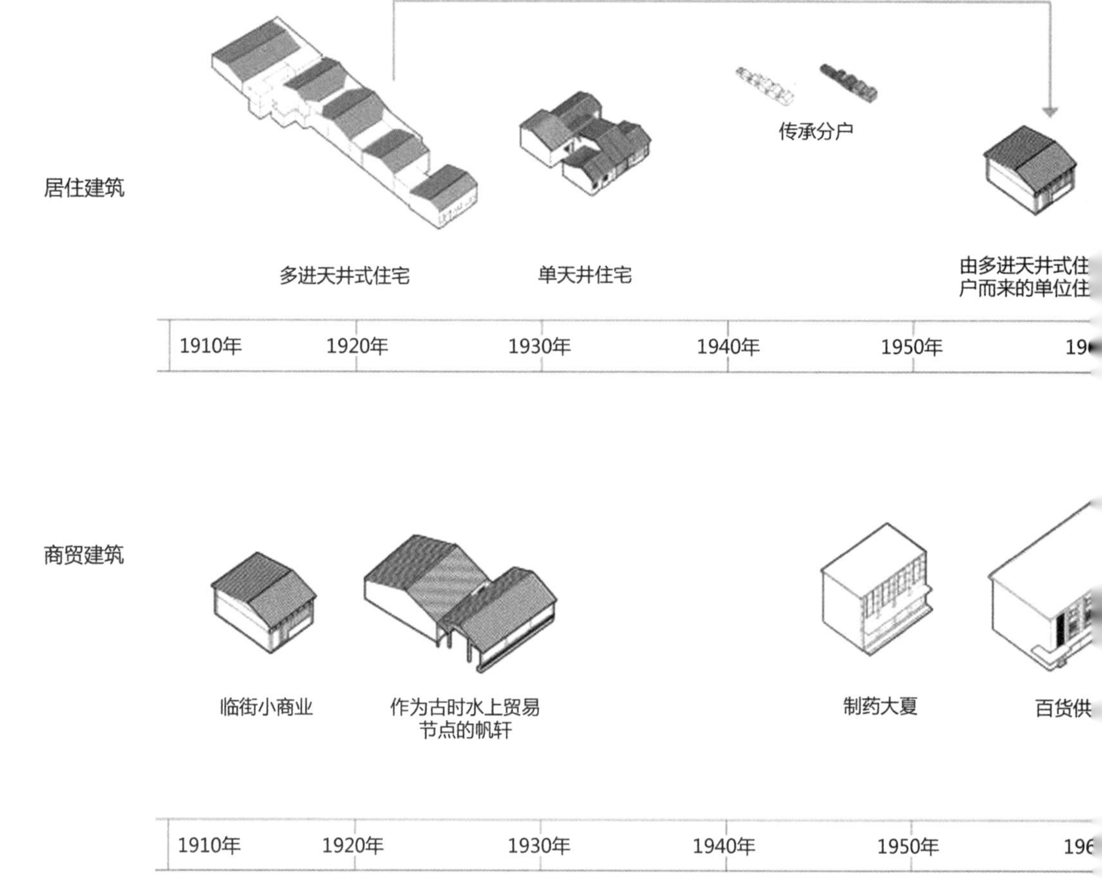
居住建筑
传承分户
多进天井式住宅
单天井住宅
由多进天井式住
户而来的单位住
1910年
1920年
1930年
1940年
1950年
商贸建筑
临街小商业
作为古时水上贸易
节点的帆轩
制药大夏
百货供
1910年
1920年
1930年
1940年
1950年

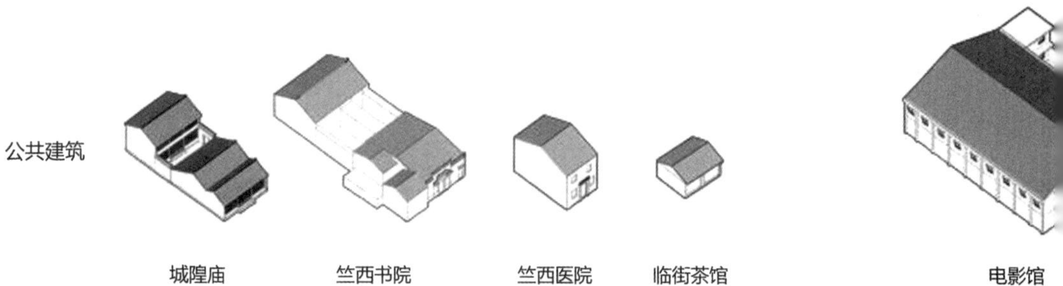
公共建筑
城隍庙
竺西书院
竺西医院
临街茶馆
电影馆

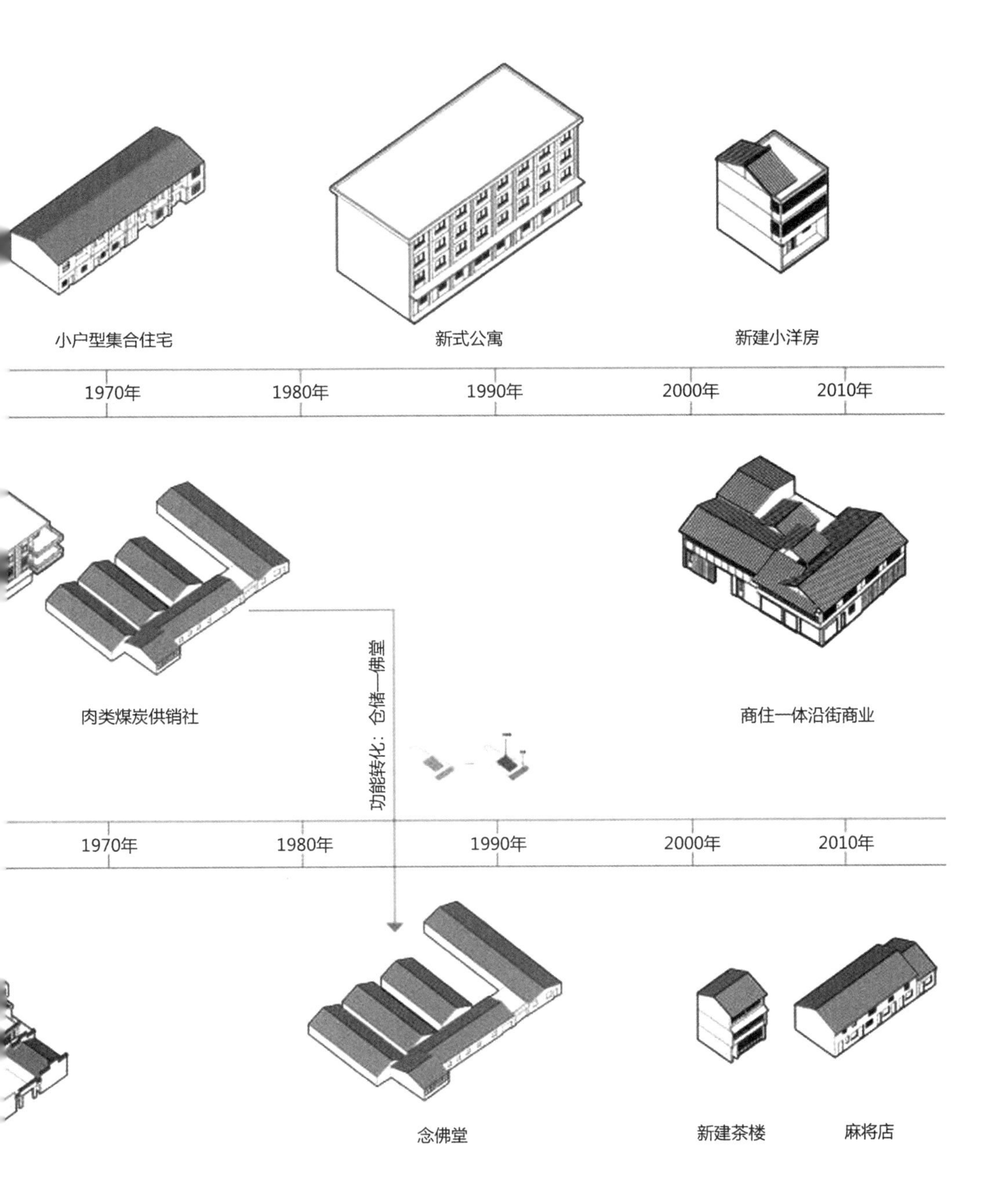
小户型集合住宅
新式公寓
新建小洋房
1970年
1980年
1990年
2000年
2010年
肉类煤炭供销社
功能转化：仓储—佛堂
商住一体沿街商业
1970年
1980年
1990年
2000年
2010年
念佛堂
新建茶楼
麻将店

建筑变迁年鉴

1.2.2 陆巷古村

区位规划

陆巷古村位于苏州东山半岛西面，毗邻太湖，背山面湖，生态资源优渥。村落格局为典型的山坞湖湾组合式，延续了陆巷聚居之始“一街六巷三河浜”的村落结构。

历史建筑
改造建筑
核心范围
村落范围
主要街巷
主要河浜
对外交通

陆巷古村现状

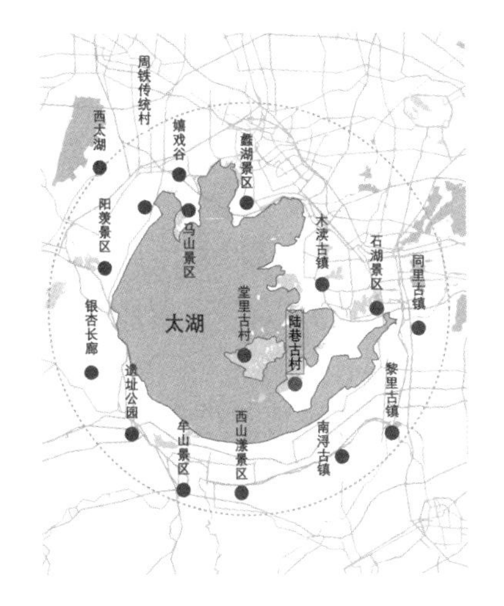
周铁传统村
西太湖
镛戏谷
鼋湖景区
阳羡景区
马山景区
木渎古镇
石湖景区
同里古镇
太湖
堂里古村
陆巷古村
银杏长廊
遗址公园
黎里古镇
牟山景区
西山漾景区
南浔古镇

陆巷古村区位

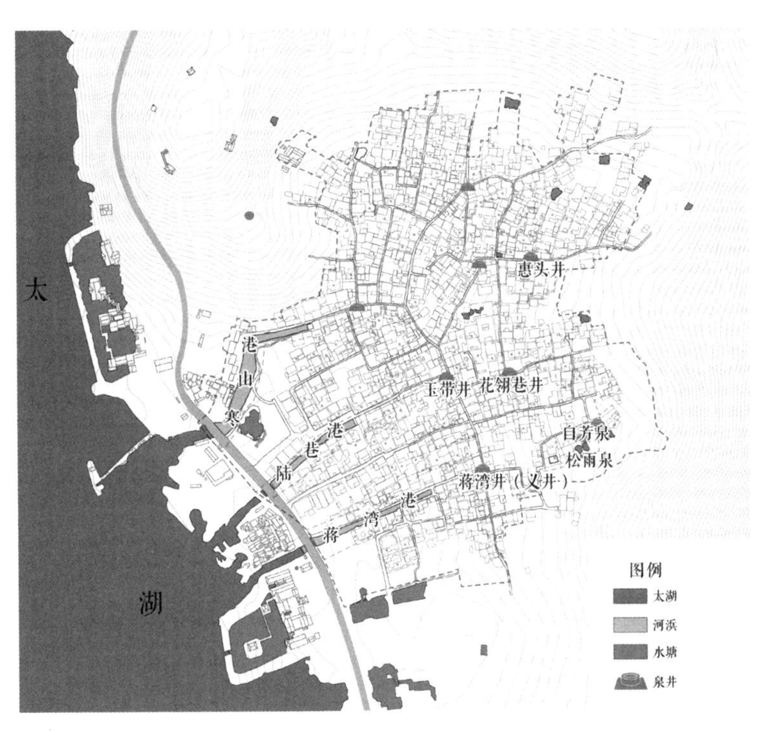
太
湖
惠头井
港
山
寒
陆
巷
港
玉带井
花翎巷井
自芳泉
松雨泉
蒋湾井（义井）
蒋
湾
港
图例
太湖
河浜
水塘
泉井

水体分布

苏州市
苏锡常都市圈

《长江三角洲城市群发展规划》
“一核五圈四带”的网络化空间格局

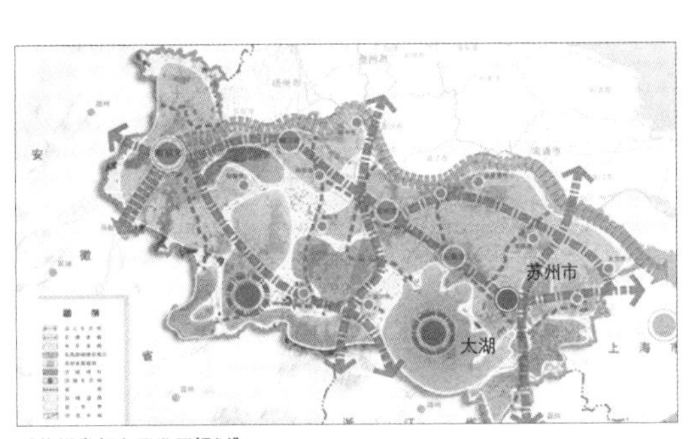
苏州市
太湖

《苏锡常都市圈发展规划》
“一带两轴、三圈一极”的格局

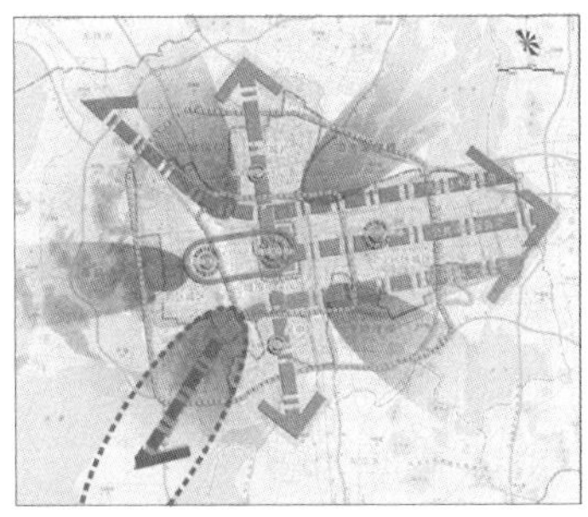

《苏州市城市总体规划（2011—2020年）》
“三心五楔、T轴多点”的空间结构

光福风景区
木渎风景区
苏州市
角直风景区
石湖风景区
同里风景区
西山风景区
周庄风景区
东山风景区

苏州太湖旅游度假区分布

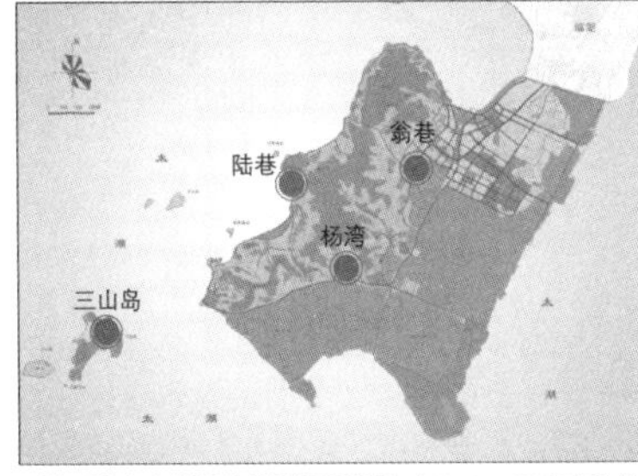
翁巷
陆巷
杨湾
三山岛

《苏州市东山镇总体规划局部修改（2011—2020年）》
“一镇五片多点”的空间结构

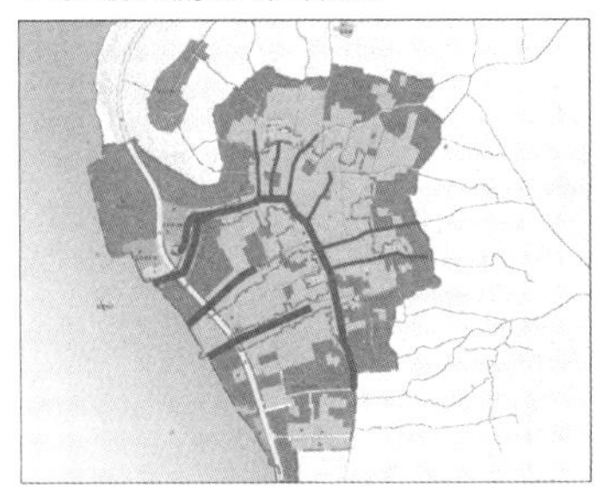

陆巷村的街巷格局经过长时间发展与演变，自然形成
“一街六巷三河浜”的空间结构

上位规划与空间格局

历史文化

陆巷在南宋时渐成村落，明清时名人辈出，保存明清建筑30余处，建筑质量较高，是环太湖地区古建筑文化的代表之一，被誉为“太湖第一古村落”，特色文化项目较多，节日活动丰富。

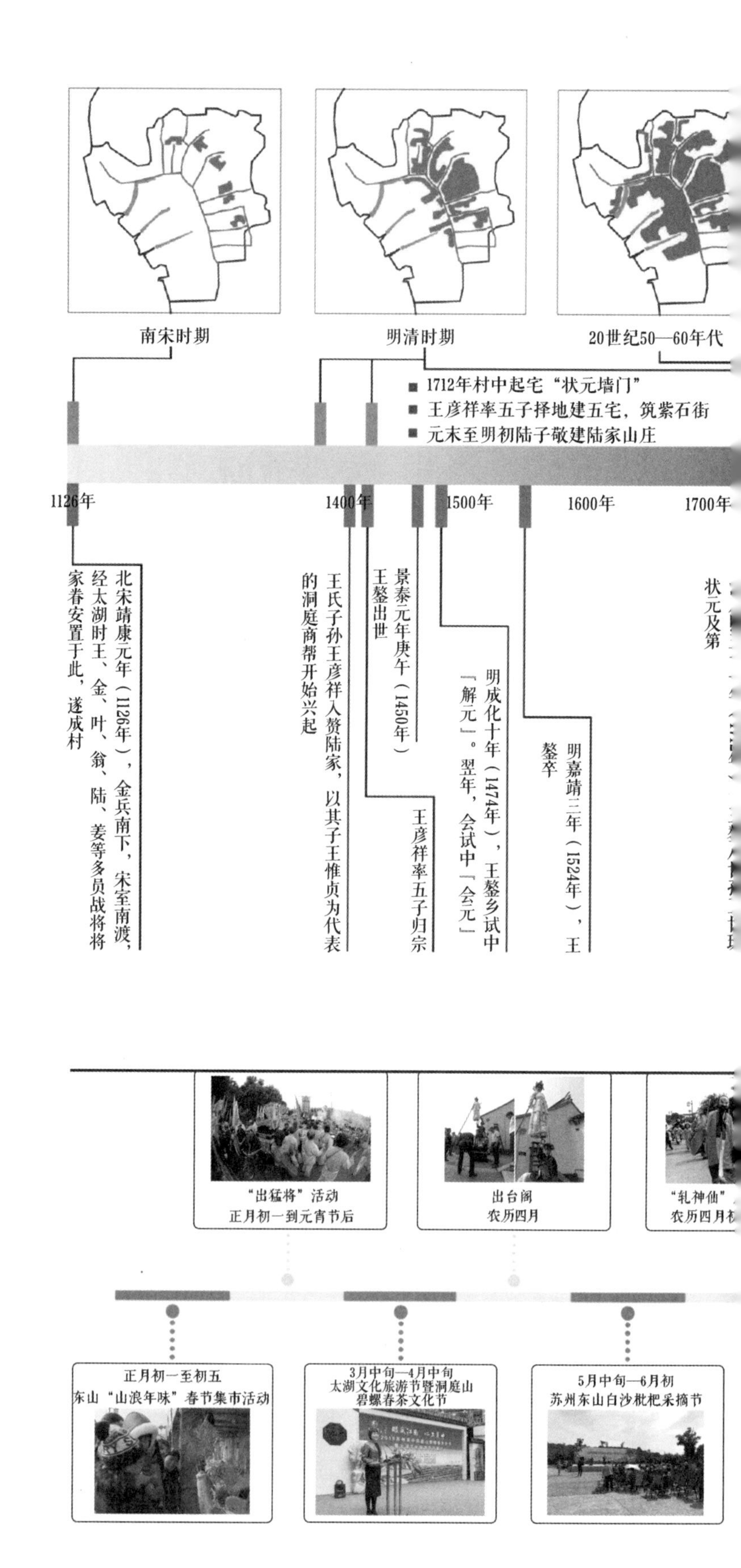
南宋时期
明清时期
20世纪50—60年代
1712年村中起宅“状元墙门”
王彦祥率五子择地建五宅，筑紫石街
元末至明初陆子敬建陆家山庄
1126年
1400年
1500年
1600年
1700年
北宋靖康元年（1126年），金兵南下，宋室南渡，经太湖时王、金、叶、翁、陆、姜等多员战将将家眷安置于此，遂成村
王氏子孙王彦祥入赘陆家，以其子王惟贞为代表的洞庭商帮开始兴起
王鏊出世
景泰元年庚午（1450年）
王彦祥率五子归宗
明成化十年（1474年），王鏊乡试中「解元」。翌年，会试中「会元」
明嘉靖三年（1524年），王鏊卒
状元及第
“出猛将”活动
正月初一到元宵节后
出台阁
农历四月
“轧神仙”
正月初一至初五
东山“山浪年味”春节集市活动
3月中旬—4月中旬
太湖文化旅游节暨洞庭山碧螺春茶文化节
5月中旬—6月初
苏州东山白沙枇杷采摘节

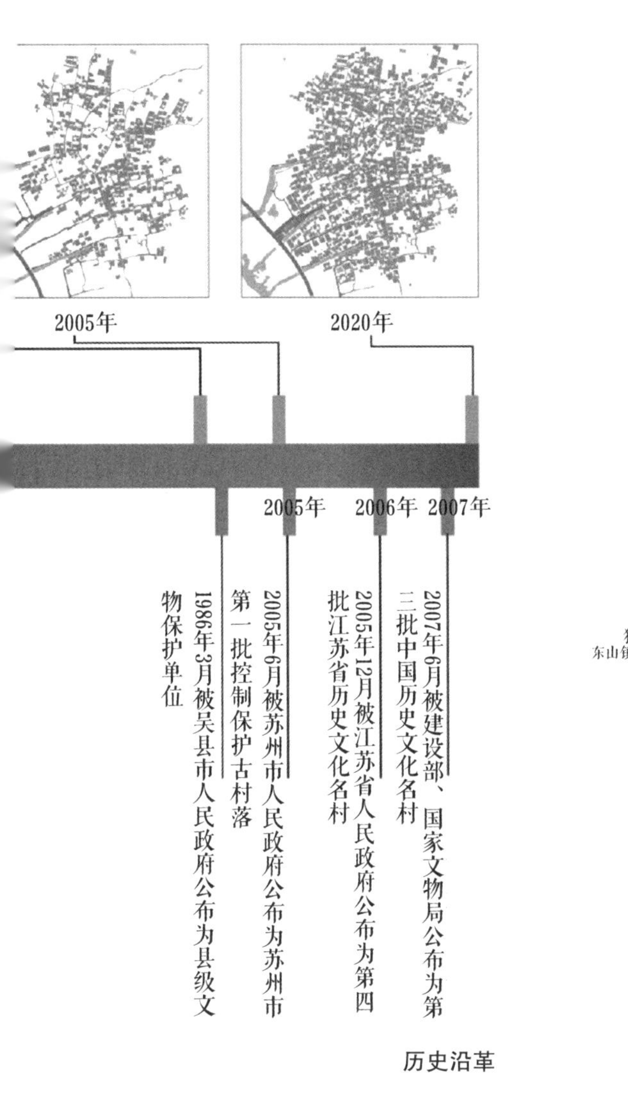
2005年
2020年
2005年
2006年
2007年
1986年3月被吴县市人民政府公布为县级文物保护单位
2005年6月被苏州市人民政府公布为苏州市第一批控制保护古村落
2005年12月被江苏省人民政府公布为第四批江苏省历史文化名村
2007年6月被建设部、国家文物局公布为第三批中国历史文化名村

历史沿革

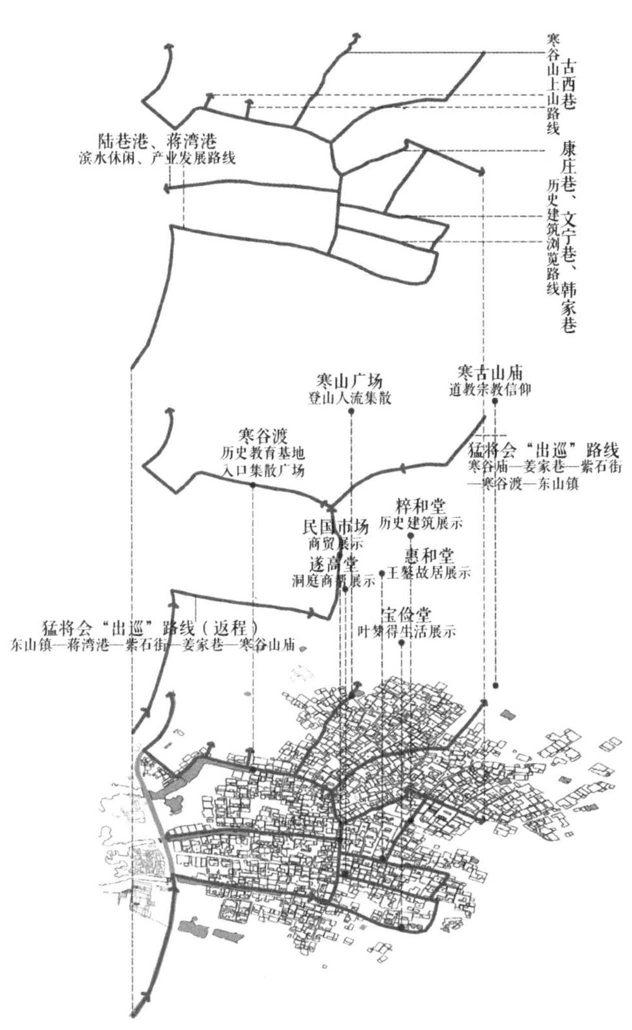
寒谷山上山路线
古西巷
康庄巷、文宁巷、韩家巷
历史建筑浏览路线
陆巷港、蒋湾港
滨水休闲、产业发展路线
寒山广场
登山人流集散
寒古山庙
道教宗教信仰
寒谷渡
历史教育基地
入口集散广场
猛将会“出巡”路线
寒谷庙—姜家巷—紫石街—寒谷渡—东山镇
粹和堂
历史建筑展示
民国市场
商贸展示
遂高堂
洞庭商帮展示
惠和堂
王鏊故居展示
宝俭堂
叶梦得生活展示
猛将会“出巡”路线（返程）
东山镇—蒋湾港—紫石街—姜家巷—寒谷山庙

文化活动流线

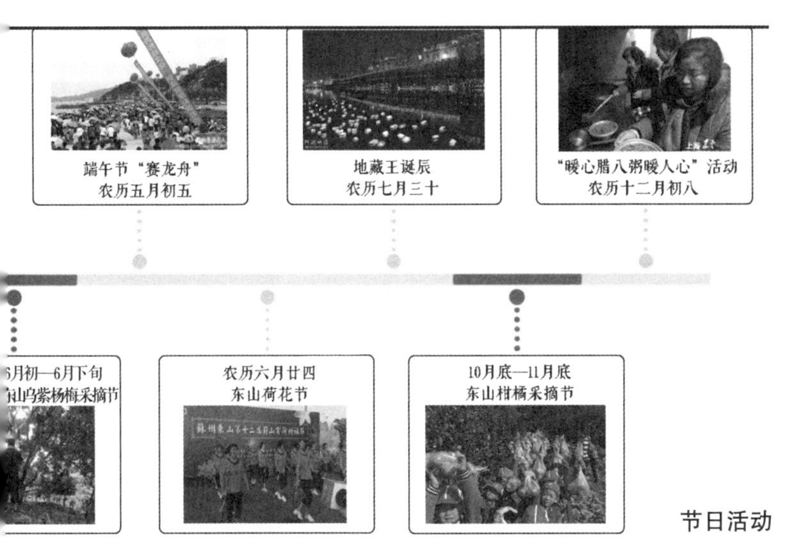
端午节“赛龙舟”
农历五月初五
地藏王诞辰
农历七月三十
“暖心腊八粥暖人心”活动
农历十二月初八
月初—6月下旬
山乌紫杨梅采摘节
农历六月廿四
东山荷花节
10月底—11月底
东山柑橘采摘节

节日活动

分类	营生文化						
	生产经营（劳、作、易）			居住生活（衣、食、住、行、用			
	种植、养花	干农活、晒秋	工作、做买卖	垂钓、散步	晒暖、闲聊	吃茶、玩棋牌	锻 做
活动时间	日常	晴天	日常	黄昏、夜晚	闲暇时间	闲暇时间	闲
活动地点	街道、门前、后院	街道、广场、内院、门前	周边工厂、自营商店	河边步道	门前街道	茶室、棋牌室	
参与人群	居民	居民	居民	居民、游客	居民	居民	
活动特色	展现日常劳作	展现日常劳作	展现日常劳作	表现自在性特点	表现自在性特点	表现自在性特点	表现 性
活动内容	日常劳作	日常劳作	日常劳作	散步、垂钓	晒暖、闲聊	喝茶、听戏、聊天、打麻将	器械 跳广
活动地点示意					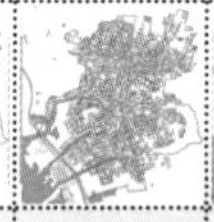		
活动现场示意						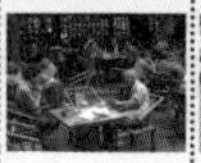	

断 桥

桃花坞年画

轧神仙庙会

太湖“碧螺春”制茶

	习俗文化				精神文化				
	民间组织			节俗庆典	宗教信仰			习俗礼仪	
筑赏	农业采摘节	出台阁	荷花节	猛将会	城隍庙庙会	陪观音	寒谷山庙诵经	香山帮习俗	婚嫁习俗
常、假期、时间	根据果实成熟时间而定	农历四月	农历六月廿四	正月初一到元宵节后	农历十二月廿四、春节期间	除夕、春节、日常时间	农历初一、十五	不定期，在建房、修房时	不定期，在婚嫁时
建筑	果园	东山镇陆巷古村入口寒山港广场	龙头山葑山寺广场荷花塘	寒谷山庙、紫石街、东山镇猛将堂	苏州市东山镇城隍庙	苏州市西山岛观音庙	寒谷山庙	广场、博物馆、历史建筑	家中厅堂
民、客	居民、游客	居民、游客、参演人员	居民、游客	居民、游客、参演人员	居民、道士、民间表演者	游客、民间信仰者、民间表演者	佛教信众	居民、游客、技艺传承人	居民、证婚人
历史事件	打造休闲农业+旅游+商业一体化	民间文艺、戏剧故事表演	猛将队伍表演、赏荷花	抬猛将绕村场游行	“城隍赐福”法会	观音出家日祈福法会	寒谷山庙信众吟诵佛经	拜师习俗、行会文化、营造仪式、匠谚文化	婚嫁礼节、婚嫁习俗
拍照	采摘体验、制作体验、旅游观光、亲子互动	台阁演出、杂质为主、出会流行、鼓乐开道	民俗节目表演、祭祀、赏荷	敲“夜节锣”、敲“日节鼓”、猛将“抢会”、猛将庙燃巨烛猛将堂挂塔灯	敬香祈愿、拜财神、接路头、民俗节目	除夕烧头香			

文化空间载体

苏州评弹

东山台阁

香山帮建筑营造技艺

非物质文化遗产

产业资源

陆巷古村的产业种类丰富，农业以山区的花果、茶叶与平原的粮田蔬菜种植为主，代表作物有碧螺春、白沙枇杷、太湖三白等。旅游业发展较为成熟，服务设施完善，能满足不同层次游客的需求。

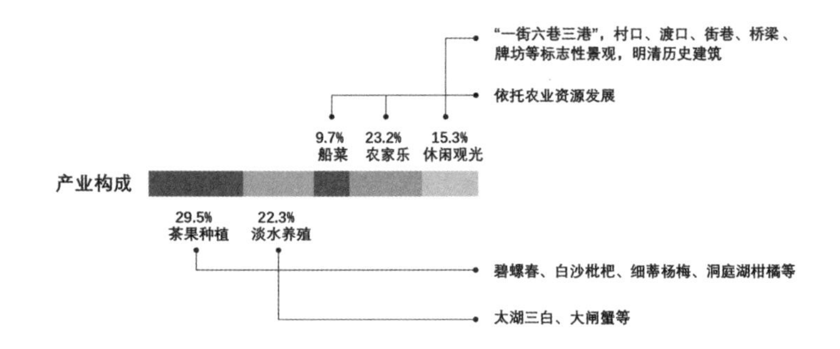

"一街六巷三港"，村口、渡口、街巷、桥梁、牌坊等标志性景观，明清历史建筑
依托农业资源发展
9.7% 船菜
23.2% 农家乐
15.3% 休闲观光
产业构成
29.5% 茶果种植
22.3% 淡水养殖
碧螺春、白沙枇杷、细蒂杨梅、洞庭湖柑橘等
太湖三白、大闸蟹等

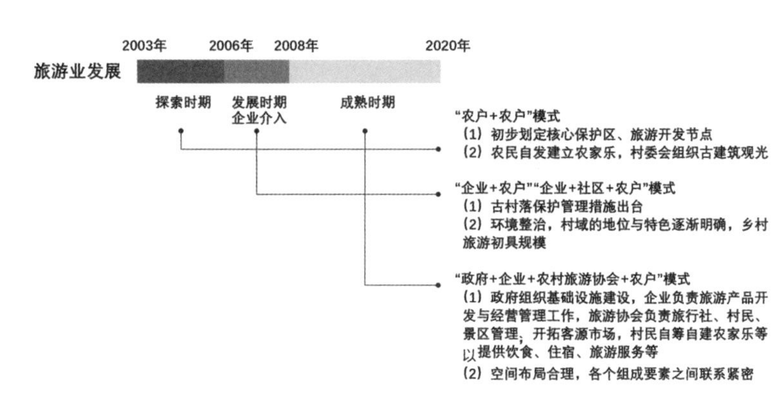

2003年
2006年
2008年
2020年
旅游业发展
探索时期
发展时期 企业介入
成熟时期
"农户+农户"模式
(1) 初步划定核心保护区、旅游开发节点
(2) 农民自发建立农家乐，村委会组织古建筑观光
"企业+农户""企业+社区+农户"模式
(1) 古村落保护管理措施出台
(2) 环境整治，村域的地位与特色逐渐明确，乡村旅游初具规模
"政府+企业+农村旅游协会+农户"模式
(1) 政府组织基础设施建设，企业负责旅游产品开发与经营管理工作，旅游协会负责旅行社、村民、景区管理；开拓客源市场，村民自筹自建农家乐等以提供饮食、住宿、旅游服务等
(2) 空间布局合理，各个组成要素之间联系紧密

产业与人口现状

优势分析 Strengths

(1) 优越的地理位置

(2) 历史格局和村落形态风貌保存尚好

(3) 具有特色产业、特色建筑和众多空间节点

(4) 现有"活态博物馆模式"有较好前景，可持续发展

劣势分析 Weaknesses

(1) 公共空间节点数量/尺度不足

(2) 河浜区域活力不足

(3) 水质较差

(4) 居民与游客的消费空间交叠严重，村民生活受到干扰

(5) 游客浏览流线规划不合理，游客常需要走回头路

S
W

机遇分析 Opportunities

(1) 用流线引导、梳理景区内部人流，达到与居民生活区隔而不分的状态，使游客观赏到当地风土人情的同时，又不干扰居民的正常生活

(2) 引入生态手段进行水质治理

(3) 进行更完善的活态化保护模式构建

(4) 针对河浜部分进行修整改造，激活陆巷完整格局，获取最大开发利益

挑战分析 Threats

(1) 居民异质化造成的地域文化空心化

(2) 过度开发带来的生态威胁

(3) 人口出现老龄化

(4) 青年居民外迁现象频发

O
T

SWOT 分析

村落结构

陆巷古村的街巷结构为“一街六巷三河浜”的典型鱼骨状结构，并透过多条尺度较小的弄作为补充。

街
巷
弄
街巷结构现状分析

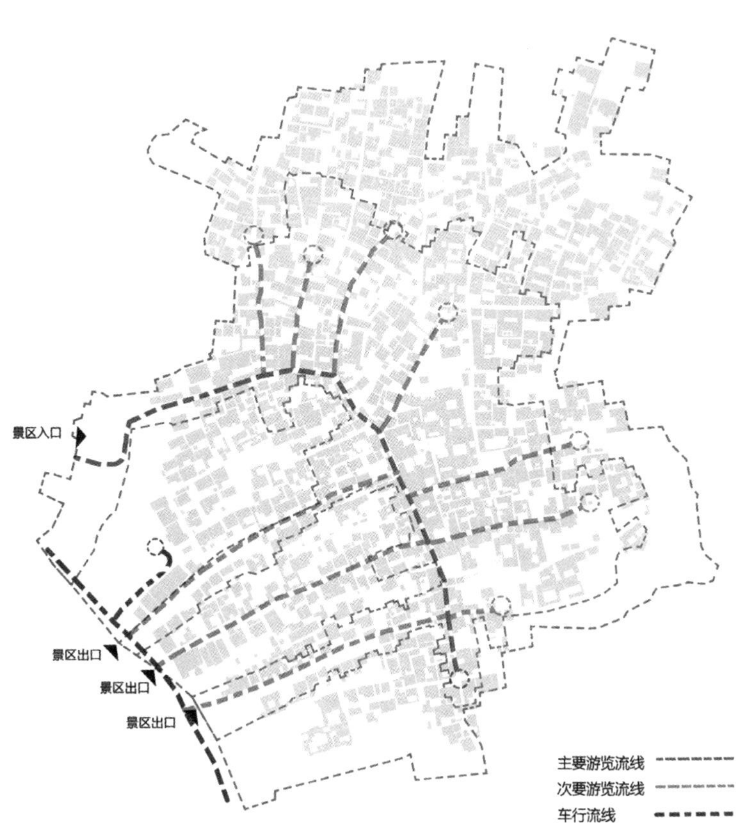
景区入口
景区出口
景区出口
景区出口
主要游览流线
次要游览流线
车行流线
游览路线现状分析

公共空间

陆巷古村的景观资源丰富，其公共空间分为三个层级——开放空间、半开放空间与私密空间，对应的空间形态与服务对象如右列图所示。

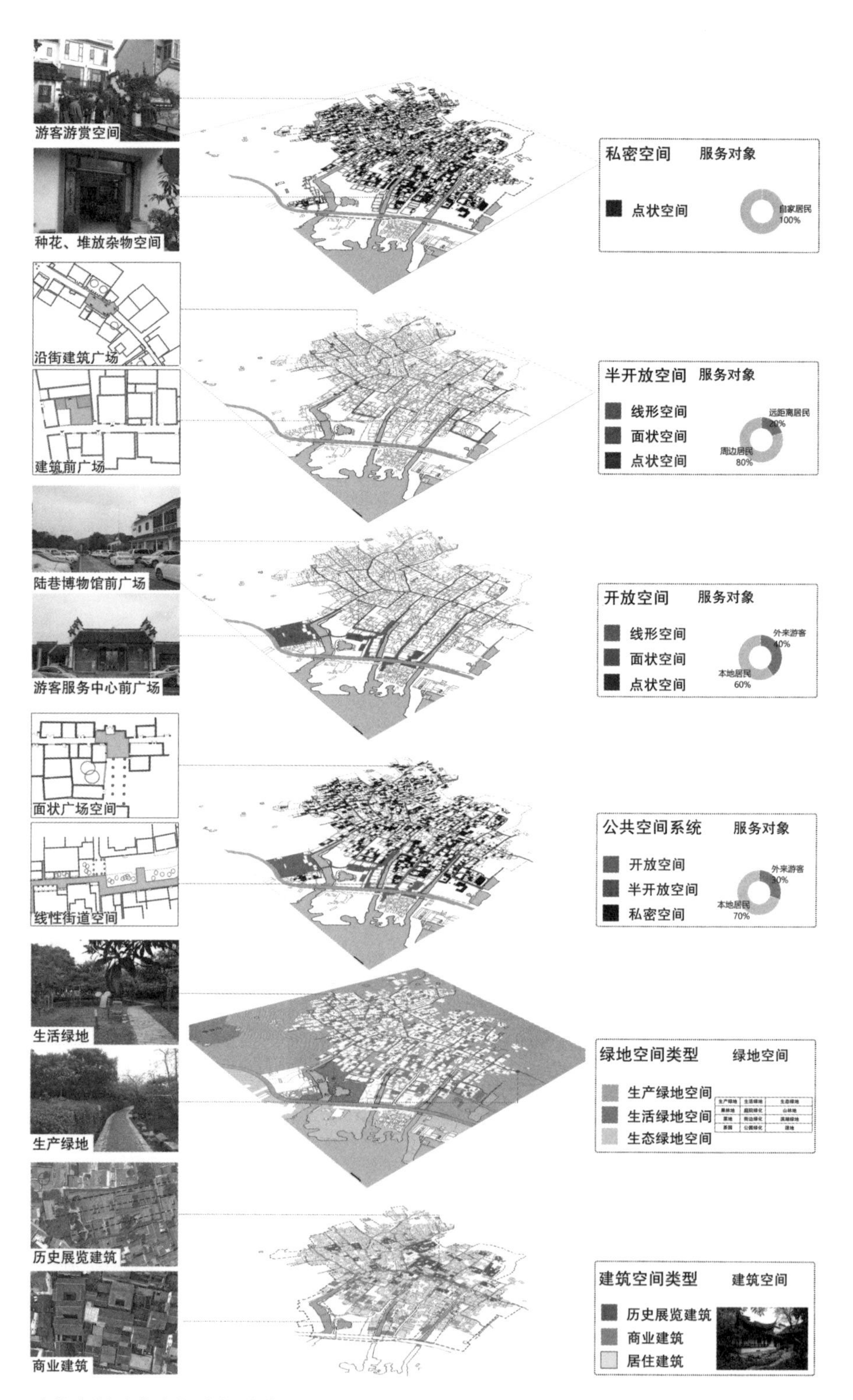

游客游赏空间
种花、堆放杂物空间
私密空间 服务对象
点状空间
自家居民 100%
沿街建筑广场
建筑前广场
半开放空间 服务对象
线形空间
面状空间
点状空间
远距离居民 20%
周边居民 80%
陆巷博物馆前广场
游客服务中心前广场
开放空间 服务对象
线形空间
面状空间
点状空间
外来游客 40%
本地居民 60%
面状广场空间
线性街道空间
公共空间系统 服务对象
开放空间
半开放空间
私密空间
外来游客 30%
本地居民 70%
生活绿地
生产绿地
绿地空间类型 绿地空间
生产绿地空间
生活绿地空间
生态绿地空间
历史展览建筑
商业建筑
建筑空间类型 建筑空间
历史展览建筑
商业建筑
居住建筑

陆巷古村公共空间分级分类

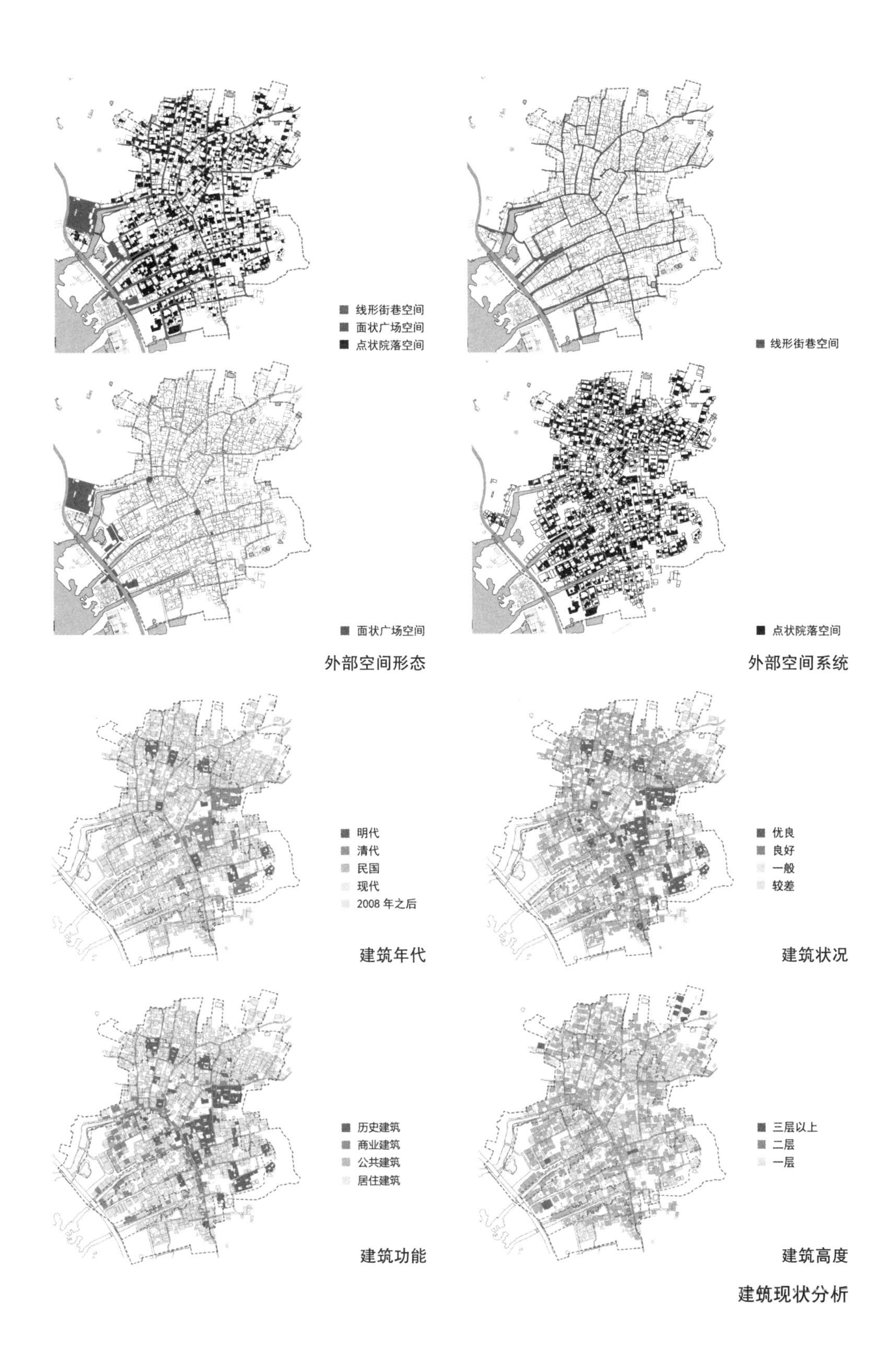

线形街巷空间
面状广场空间
点状院落空间
线形街巷空间
面状广场空间
点状院落空间
外部空间形态
外部空间系统
明代
清代
民国
现代
2008 年之后
建筑年代
优良
良好
一般
较差
建筑状况
历史建筑
商业建筑
公共建筑
居住建筑
建筑功能
三层以上
二层
一层
建筑高度

建筑现状分析

1.2.3 堂里古村

区位规划

堂里古村位于苏州市吴中区金庭镇，地处洞庭西山西隅湾麓、吴中鼎峙缥缈峰南坡水月坞前庭，背山面湖，依山傍水，自然风光优美，四季分明，温暖湿润。

古村邻近缥缈峰景区，其南部为景区售票点和登山点之一，是古村发展潜在的巨大优势之一。

西山岛通过太湖大桥与苏州相连，交通便利。堂里古村毗邻环岛公路，与周边村落联系便利，但距离金庭镇镇区仍有一定路程。

堂里古村的村民买菜、售卖茶叶等活动需前往金庭镇，并且村内公共服务设施较少，村民的公共生活丰富度较低。

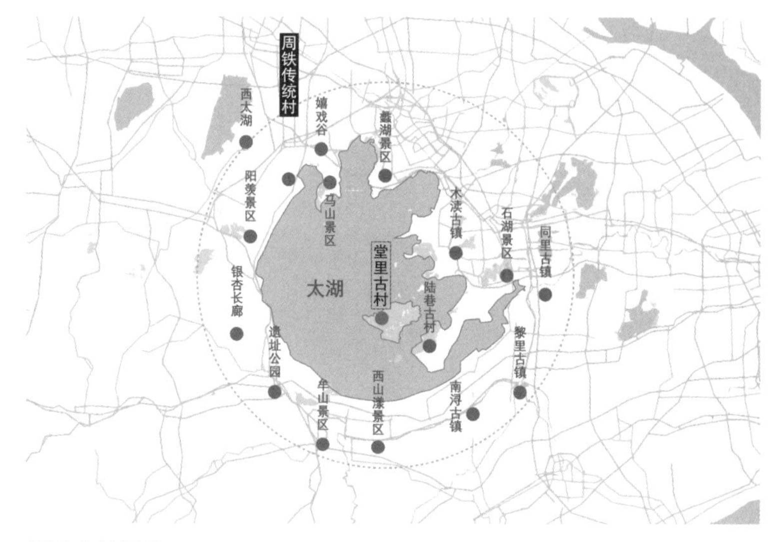
周铁传统村
西太湖
嬉戏谷
蠡湖景区
阳羡景区
马山景区
木渎古镇
石湖景区
同里古镇
堂里古村
太湖
银杏长廊
陆巷古村
黎里古镇
遗址公园
南浔古镇

堂里古村区位

太湖区域景点分布　　西山岛旅游区域规划　　西山岛景点分布

周边旅游资源

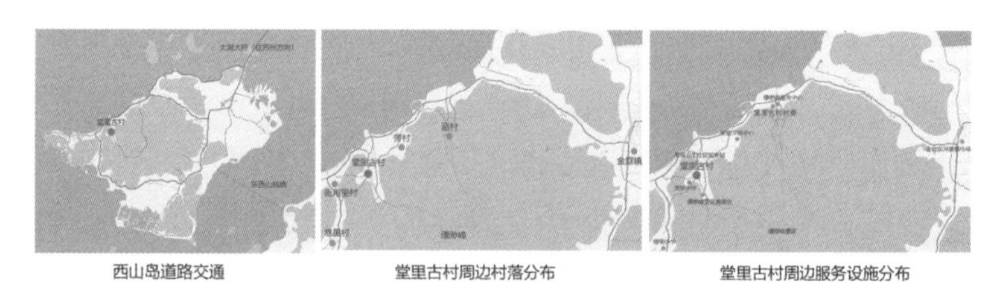

西山岛道路交通　　堂里古村周边村落分布　　堂里古村周边服务设施分布

交通与服务设施

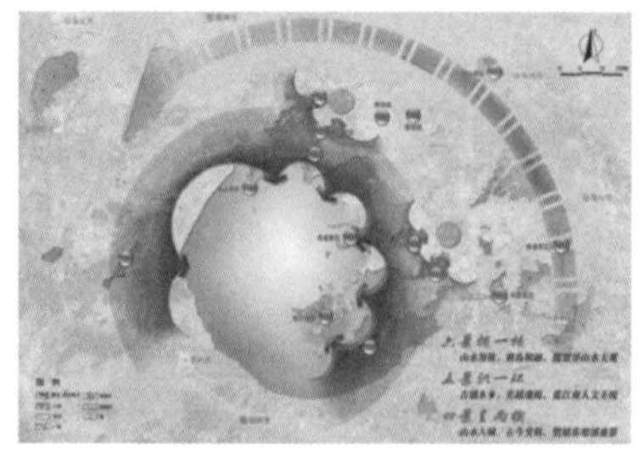

《太湖风景名胜区总体规划（2001—2030）》
"天然湖泊型国家级风景区"

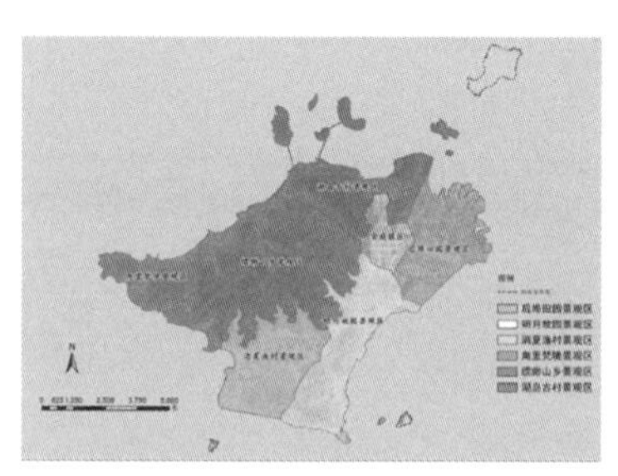

《太湖风景名胜区西山景区详细规划（2017—2030）》
"以湖岛风光和山乡古村为特色的山水古镇型景区"

上位规划

福延润

晚清（《名堂之里——堂里古村》）

太湖
堂里古村

20 世纪 50 年代

21 世纪 20 年代

村落整体形态演变

产业资源

堂里古村现总规划面积为 3 km^2，现有农户 210 户，总人口为 680 人，以老人、儿童、妇女为主。古村现有耕地 1 500 亩（1 亩 ≈ 666.7 m^2），山林 2 500 亩，村民的主要经济收入以售卖碧螺春茶、柑橘为基础，村民以外出务工、经商为主体，人均收入为 15 200 元。

碧螺春茶产业是堂里古村的支柱产业，古村周边分布了广阔的山地茶园，现有茶厂、售茶点数十处之多。

堂里古村的东南侧现重建有水月禅寺、墨佐君坛、茶圣陆羽像，并有历代文人的题诗碑刻。

产业结构构成：第一产业、第二产业、第三产业

经济收入来源 人均收入为15 200元：外出务工、农业、其他

农业构成 耕地为1 500亩，山林为2 500亩：碧螺春茶、柑橘、枇杷、杨梅、白果、板栗、其他

旅游业构成：民宿、农家乐、游览观光、其他

产业现状

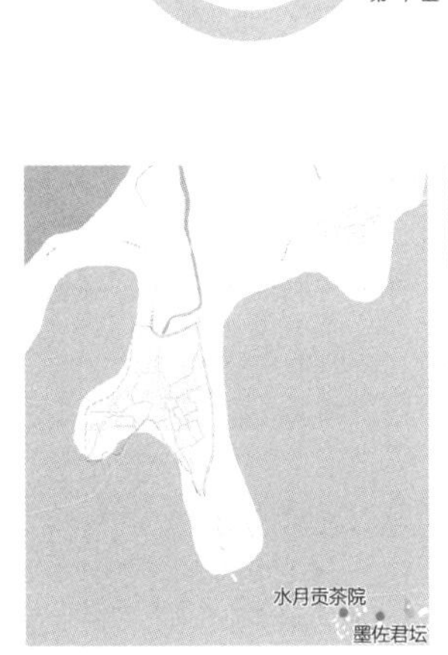
水月贡茶院
墨佐君坛

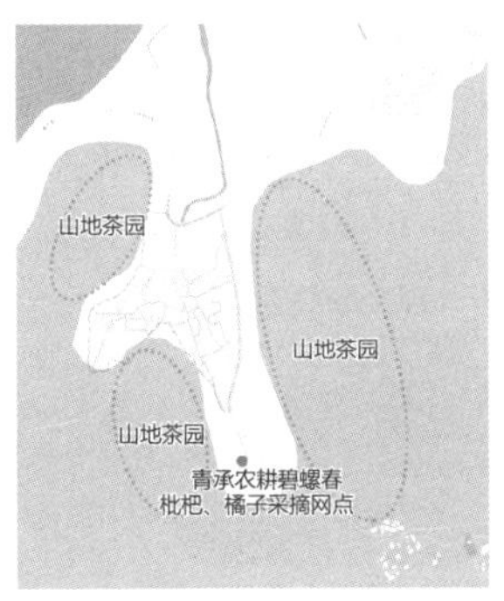
山地茶园
山地茶园
山地茶园
青承农耕碧螺春
枇杷、橘子采摘网点

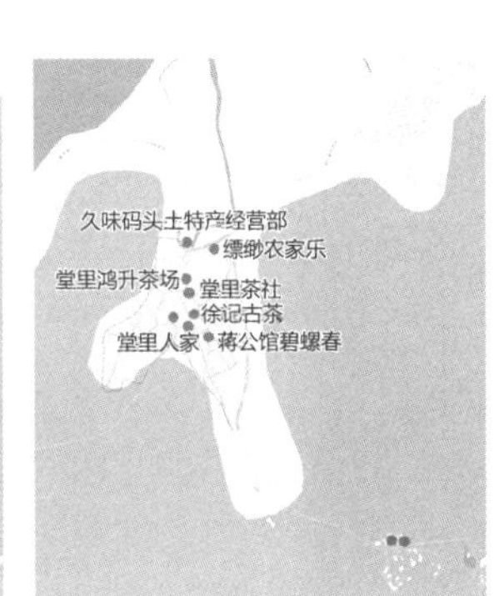
久味码头土特产经营部
缥缈农家乐
堂里鸿升茶场
堂里茶社
徐记古茶
堂里人家
蒋公馆碧螺春

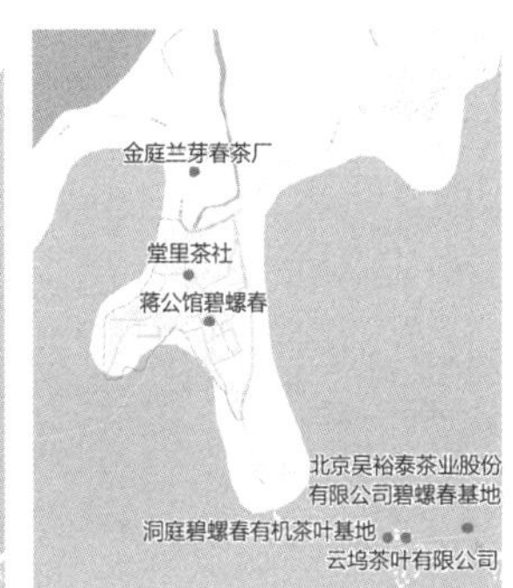
金庭兰芽春茶厂
堂里茶社
蒋公馆碧螺春
北京昊裕泰茶业股份有限公司碧螺春基地
洞庭碧螺春有机茶叶基地
云坞茶叶有限公司

茶产业分析

历史文化

堂里古村具有丰富的人文底蕴，保留两个世界级非物质文化遗产和五个国家级非物质文化遗产。同时，堂里古村还保存着十余座明清时期的历史建筑和传统风物，走出过多位著名的历史人物。

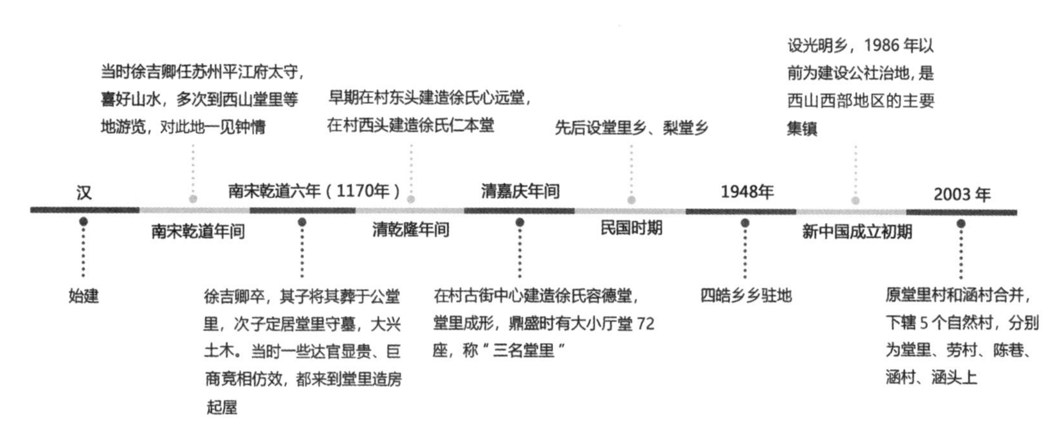
汉
始建
南宋乾道年间
当时徐吉卿任苏州平江府太守，喜好山水，多次到西山堂里等地游览，对此地一见钟情
南宋乾道六年（1170年）
徐吉卿卒，其子将其葬于公堂里，次子定居堂里守墓，大兴土木。当时一些达官显贵、巨商竟相仿效，都来到堂里造房起屋
清乾隆年间
早期在村东头建造徐氏心远堂，在村西头建造徐氏仁本堂
清嘉庆年间
在村古街中心建造徐氏容德堂，堂里成形，鼎盛时有大小厅堂72座，称“三名堂里”
民国时期
先后设堂里乡、梨堂乡
1948年
四皓乡乡驻地
新中国成立初期
设光明乡，1986年以前为建设公社治地，是西山西部地区的主要集镇
2003年
原堂里村和涵村合并，下辖5个自然村，分别为堂里、劳村、陈巷、涵村、涵头上

历史沿革

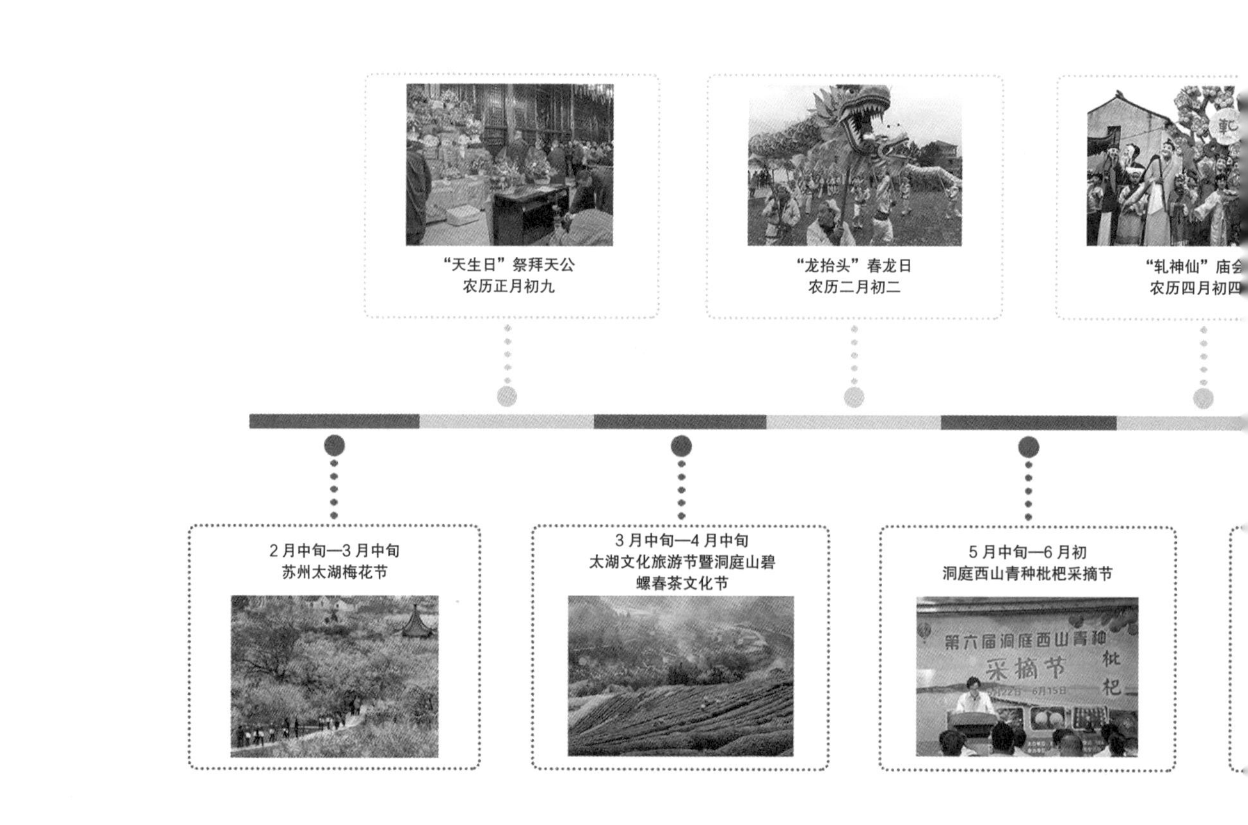
“天生日”祭拜天公
农历正月初九
“龙抬头”春龙日
农历二月初二
“轧神仙”庙会
农历四月初四
2月中旬—3月中旬
苏州太湖梅花节
3月中旬—4月中旬
太湖文化旅游节暨洞庭山碧螺春茶文化节
5月中旬—6月初
洞庭西山青种枇杷采摘节
第六届洞庭西山青种枇杷采摘节

非物质文化遗产	香山帮建筑营造技艺	世界级非物质文化遗产
	苏州端午习俗	世界级非物质文化遗产
	绿茶制作技艺（碧螺春制作技艺）	国家级非物质文化遗产
	盆景技艺（苏派盆景技艺）	国家级非物质文化遗产
	剧装戏具制作技艺	国家级非物质文化遗产
	庙会（苏州轧神仙庙会）	国家级非物质文化遗产
	苏州刺绣	国家级非物质文化遗产
	洞庭西山陈巷十番锣鼓	县级非物质文化遗产

非物质文化遗产	木雕	—
	砖雕	—
	石雕	—
	湖鲜饮食文化	—
历史建筑	仁本堂、沁远堂、容德堂、遂志堂、礼本堂、崇德堂、凝德堂等	
传统风物	古桥	
	古泉	
历史人物	宋忠壮公徐徽言，爱国重臣徐吉卿，清大商人、大善人徐易堂，抗战中后期至新中国成立初期我党苏州地下党负责人之一的徐懋德，抗美援朝一等功臣蔡祖华	

人文概况

月初—6 月下旬
西山杨梅采摘节

苏州吴中洞庭西山

端午节“赛龙舟”
农历五月初五

农历五月二十
“分龙日”消防演习

乞巧节祈福许愿
农历七月初七

10 月底—11 月底
洞庭西山柑橘采摘节

拜冬团圆
冬至日

节庆活动时间分布

公共空间

堂里古村街巷现状以堂里街为主轴，东西延伸的河西巷和南北延伸的南更楼巷等古村原有街巷保存较为完整，村落街巷结构较清晰。

堂里街为新建街道，尺度较大，而古村原有街巷尺度较小，D/H（即街巷宽度 / 房屋高度）皆小于1，南更楼巷、花园巷皆沿福延涧而建，为古村原有形态的痕迹，现为次级巷弄，且历史铺装已基本不存。

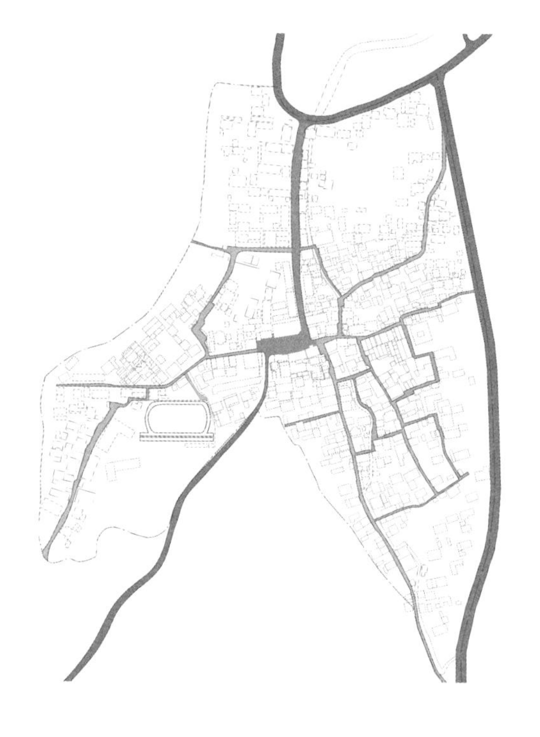
外部公路
街
巷
弄

街巷结构

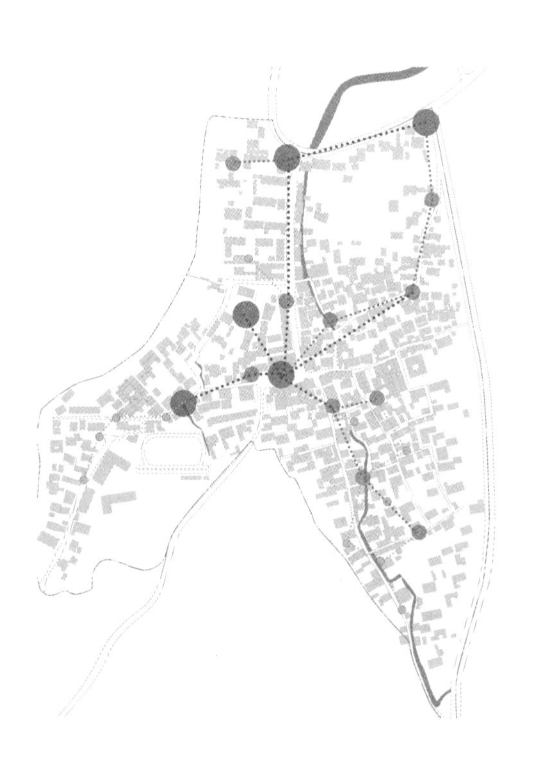
中心型公共开放空间
组团级公共开放空间
宅间公共开放空间

公共空间结构

堂里古村现存的公共空间多依附于街巷及水系，节点结构为中心型，以南北向的堂里街、南更楼巷和东西向的河西巷交点广场为中心，向四周发散。

堂里街和河西巷两侧空间的活力较高，但街道两侧的休憩设施不足，组团级和宅间公共空间的活力不足，福延涧两侧原有公共空间已基本失去活力。

市政建筑
商业建筑
住宅建筑
旅馆业建筑
学校建筑
旅游业建筑
文物古迹
工业建筑

建筑功能

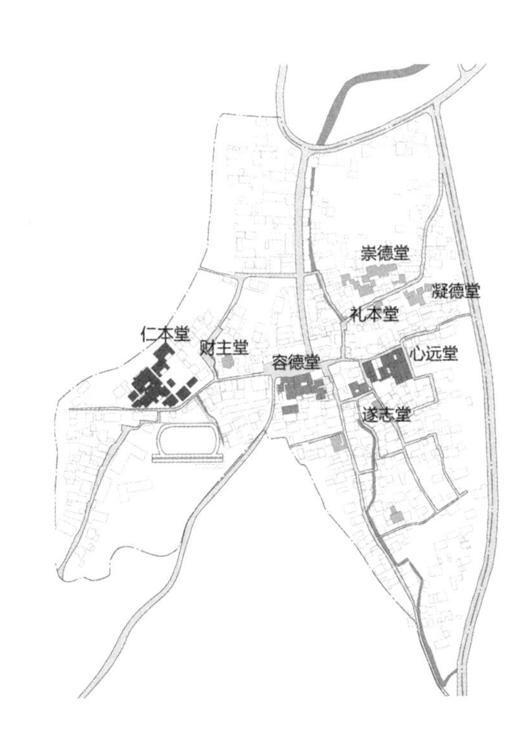
崇德堂
凝德堂
礼本堂
仁本堂
财主堂
心远堂
容德堂
遂志堂
江苏省文物保护单位
苏州市文物保护单位
苏州市控制保护建筑
井台滨水空间

重要历史建筑

2　传统村落总体活态化保护利用规划设计

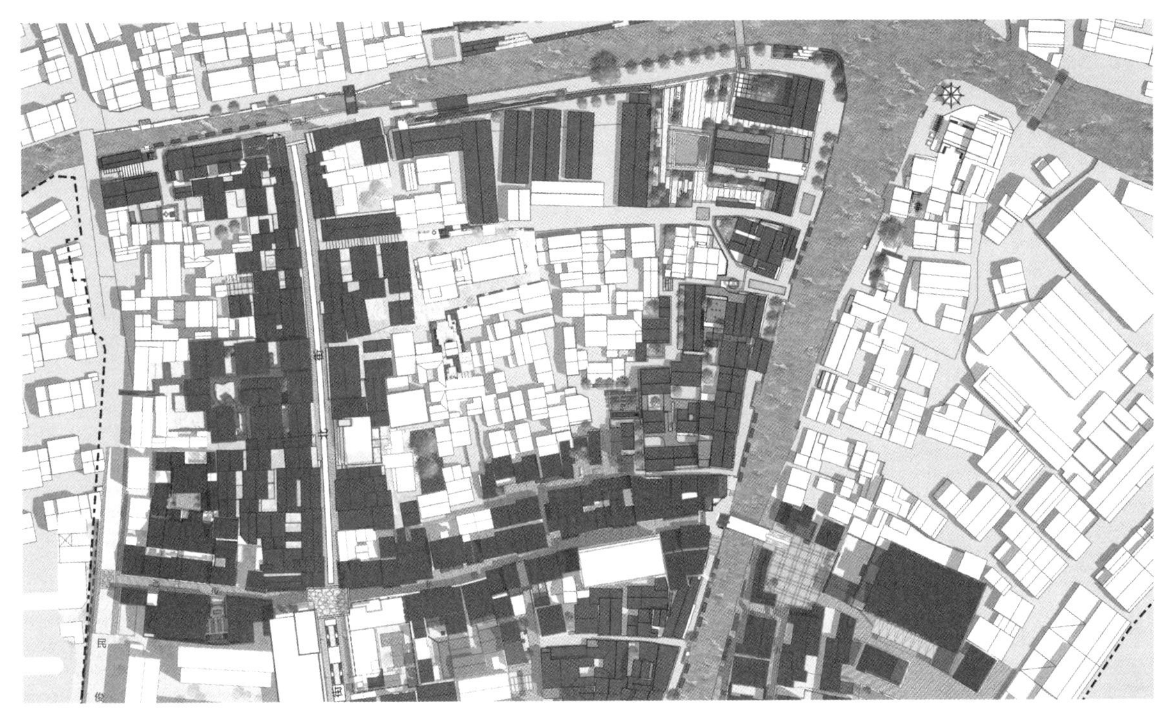

设计：吴正浩　徐欣荣　李　斐　陈洁颖　白　雨　陈修桦　于新蕾　李孟睿
王　涵　陈　瑾　陈　洋　卜笑天　袁　玥　吴　娱　侯扬帆　刘源科
汪宝丽　徐利明　王菁睿　阿马尔　李常红　范静哲　乔　畅　王　涵
岳小超　罗淇桓　张聪慧　张婷婷　刘　琦　李　琴　颜世钦　陈　瑾
李雨昕

整理：吴正浩　白　雨　袁　玥　侯扬帆　汪宝丽　王菁睿　乔　畅　范静哲
岳小超　张婷婷　王　涵　颜世钦　刘　琦　陈　瑾　李雨昕

2.1 周铁传统村

2.1.1 基于“三生”视角的传统村落活态化保护利用（一）

周铁传统村的总体定位从中期、近期、远期三个阶段考虑，主要包括物质空间层面的建设与非物质文化层面的传承。针对这两个层面的发展，再结合周铁的总体定位，就物质空间建设和非物质文化传承提供多方参与的平台和机制。

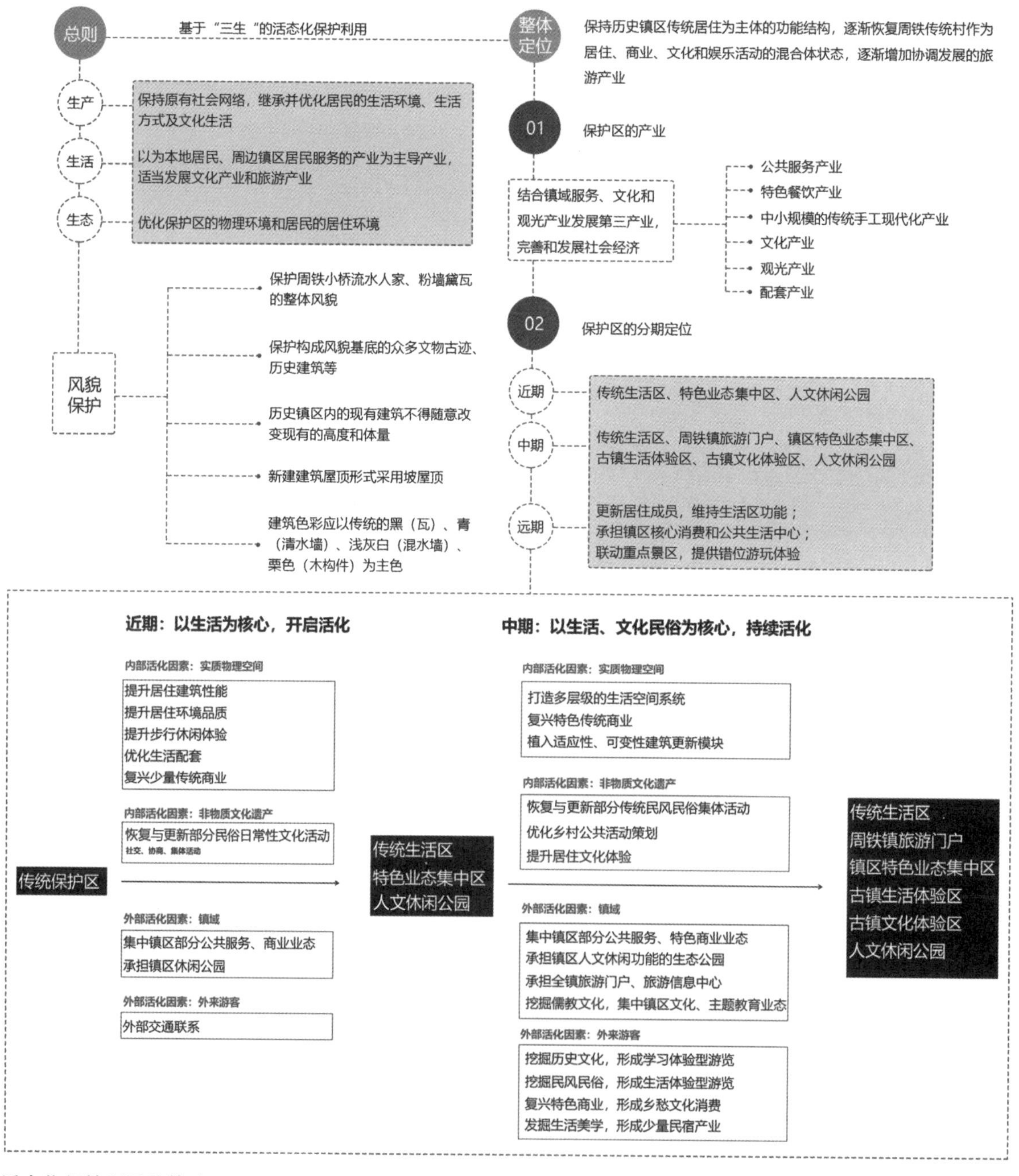

总则
基于“三生”的活态化保护利用
整体定位
保持历史镇区传统居住为主体的功能结构，逐渐恢复周铁传统村作为居住、商业、文化和娱乐活动的混合体状态，逐渐增加协调发展的旅游产业
生产
生活
生态
保持原有社会网络，继承并优化居民的生活环境、生活方式及文化生活
以为本地居民、周边镇区居民服务的产业为主导产业，适当发展文化产业和旅游产业
优化保护区的物理环境和居民的居住环境
01
保护区的产业
结合镇域服务、文化和观光产业发展第三产业，完善和发展社会经济
公共服务产业
特色餐饮产业
中小规模的传统手工现代化产业
文化产业
观光产业
配套产业
风貌保护
保护周铁小桥流水人家、粉墙黛瓦的整体风貌
保护构成风貌基底的众多文物古迹、历史建筑等
历史镇区内的现有建筑不得随意改变现有的高度和体量
新建建筑屋顶形式采用坡屋顶
建筑色彩应以传统的黑（瓦）、青（清水墙）、浅灰白（混水墙）、栗色（木构件）为主色
02
保护区的分期定位
近期
中期
远期
传统生活区、特色业态集中区、人文休闲公园
传统生活区、周铁镇旅游门户、镇区特色业态集中区、古镇生活体验区、古镇文化体验区、人文休闲公园
更新居住成员，维持生活区功能；
承担镇区核心消费和公共生活中心；
联动重点景区，提供错位游玩体验
近期：以生活为核心，开启活化
内部活化因素：实质物理空间
提升居住建筑性能
提升居住环境品质
提升步行休闲体验
优化生活配套
复兴少量传统商业
内部活化因素：非物质文化遗产
恢复与更新部分民俗日常性文化活动
社交、协商、集体活动
外部活化因素：镇域
集中镇区部分公共服务、商业业态
承担镇区休闲公园
外部活化因素：外来游客
外部交通联系
传统保护区
传统生活区
特色业态集中区
人文休闲公园
中期：以生活、文化民俗为核心，持续活化
内部活化因素：实质物理空间
打造多层级的生活空间系统
复兴特色传统商业
植入适应性、可变性建筑更新模块
内部活化因素：非物质文化遗产
恢复与更新部分传统民风民俗集体活动
优化乡村公共活动策划
提升居住文化体验
外部活化因素：镇域
集中镇区部分公共服务、特色商业业态
承担镇区人文休闲功能的生态公园
承担全镇旅游门户、旅游信息中心
挖掘儒教文化，集中镇区文化、主题教育业态
外部活化因素：外来游客
挖掘历史文化，形成学习体验型游览
挖掘民风民俗，形成生活体验型游览
复兴特色商业，形成乡愁文化消费
发掘生活美学，形成少量民宿产业
传统生活区
周铁镇旅游门户
镇区特色业态集中区
古镇生活体验区
古镇文化体验区
人文休闲公园

活态化保护利用总策略

多方参与的平台和机制主要包括三条主线（规划设计与营造、公众参与、资金与政策）、五方主体（政府部门、社区居委会与群众、专家学者、投资商和开发商、规划设计团队）、三项原则（“有形化”原则、“空间化”原则、“人本化”原则）。

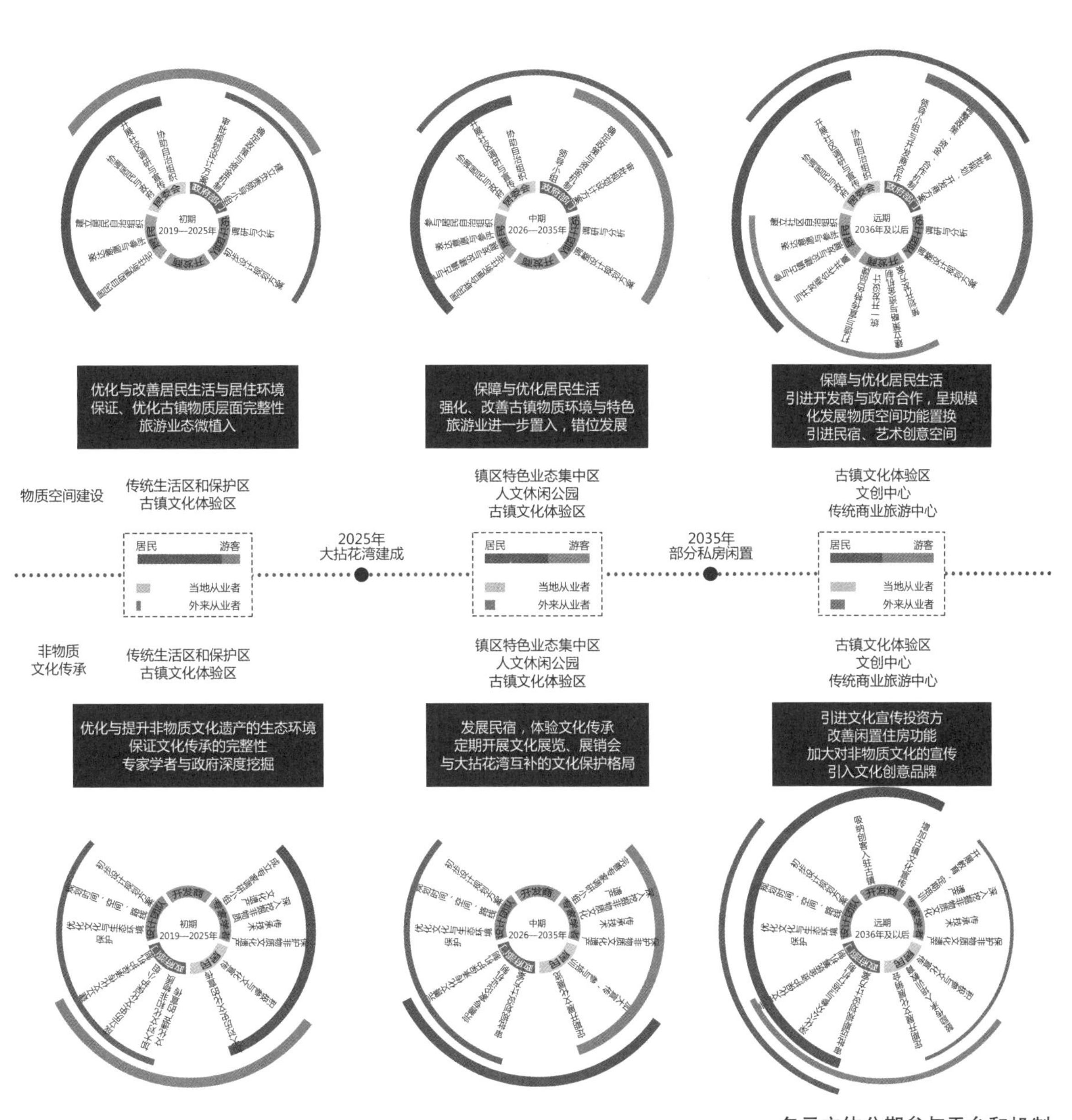

初期 2019—2025年
中期 2026—2035年
远期 2036年及以后
优化与改善居民生活与居住环境
保证、优化古镇物质层面完整性
旅游业态微植入
保障与优化居民生活
强化、改善古镇物质环境与特色
旅游业进一步置入，错位发展
保障与优化居民生活
引进开发商与政府合作，呈规模
化发展物质空间功能置换
引进民宿、艺术创意空间
物质空间建设
传统生活区和保护区
古镇文化体验区
镇区特色业态集中区
人文休闲公园
古镇文化体验区
古镇文化体验区
文创中心
传统商业旅游中心
2025年
大拈花湾建成
2035年
部分私房闲置
居民
游客
当地从业者
外来从业者
非物质
文化传承
优化与提升非物质文化遗产的生态环境
保证文化传承的完整性
专家学者与政府深度挖掘
发展民宿，体验文化传承
定期开展文化展览、展销会
与大拈花湾互补的文化保护格局
引进文化宣传投资方
改善闲置住房功能
加大对非物质文化的宣传
引入文化创意品牌

多元主体分期参与平台和机制

废弃仓储区
生活风貌区
生活风貌区
生活核心区
生活核心区
生活风貌区
生活核心区
生活核心区
生活风貌区
生活风貌区
生活风貌区

近期功能分区

文化艺术区
生活风貌区
生活风貌区
生活核心区
生活核心区
生活风貌区
商业展览区
生活核心区
旅游服务区
生活风貌区
生活风貌区

中期功能分区

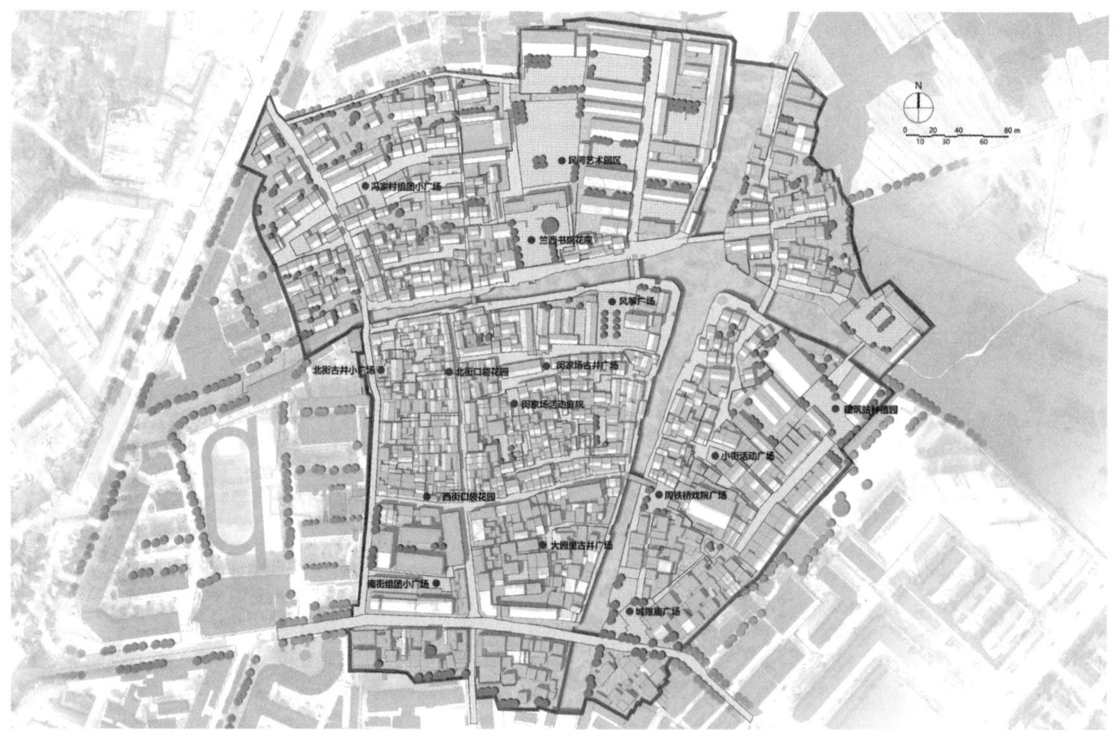
N
0
20
40
80 m
10
30
60
民间艺术园区
冯家村组团小广场
竺西书院花院
风筝广场
北街古井小广场
北街口袋花园
闵家场古井广场
闵家场活动庭院
建筑站种植园
小街活动广场
西街口袋花园
周铁桥戏院广场
大园里古井广场
南街组团小广场
城隍庙广场

公共空间节点平面图

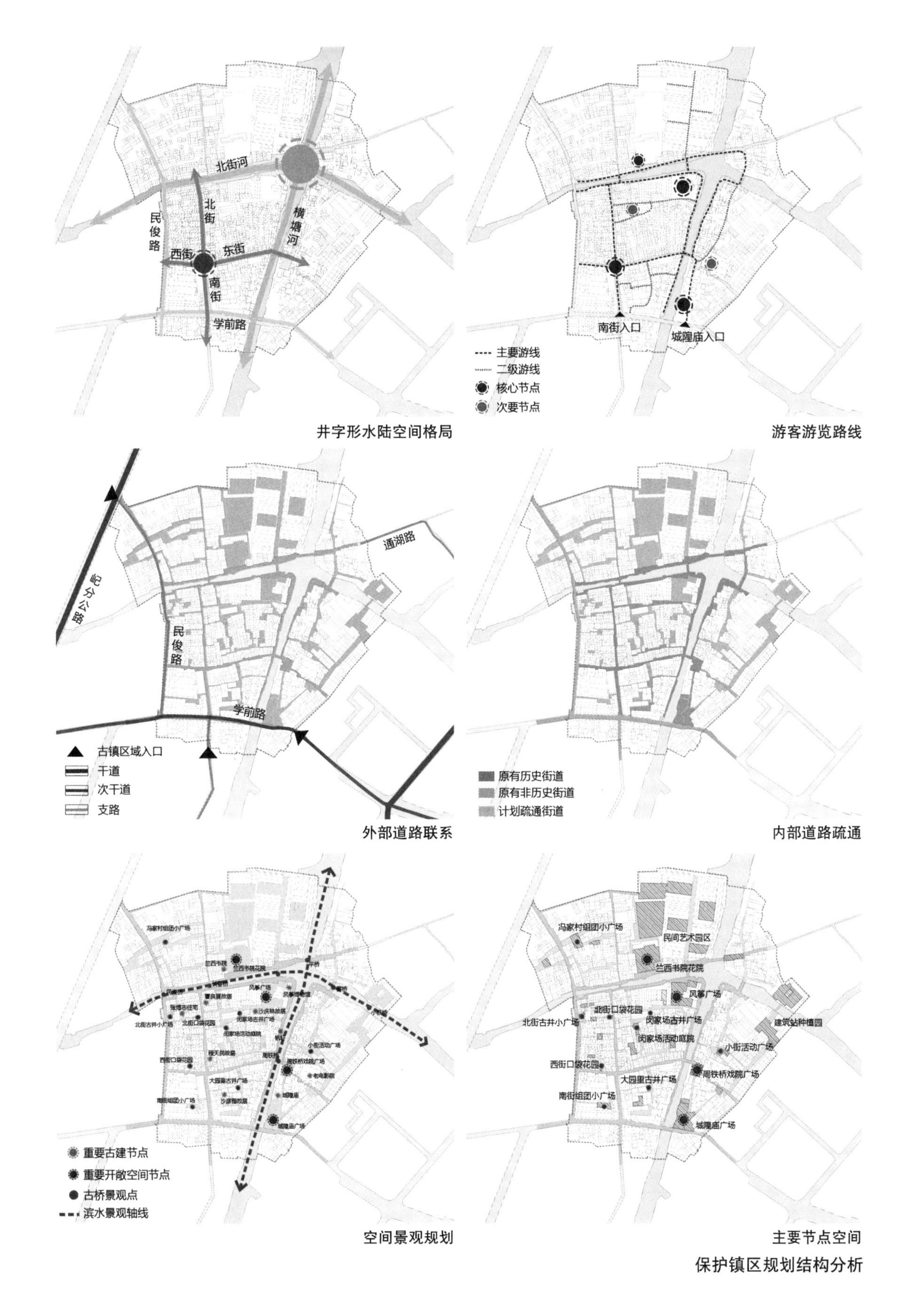
北街河
民俊路
北街
横塘河
西街
东街
南街
学前路
南街入口
城隍庙入口
主要游线
二级游线
核心节点
次要节点
通湖路
杞分公路
民俊路
学前路
古镇区域入口
干道
次干道
支路
原有历史街道
原有非历史街道
计划疏通街道
重要古建节点
重要开敞空间节点
古桥景观点
滨水景观轴线
冯家村组团小广场
民间艺术园区
兰西书院花院
风筝广场
建筑站种植园
北街古井小广场
北街口袋花园
闵家场古井广场
闵家场活动庭院
小街活动广场
西街口袋花园
周铁桥戏院广场
大园里古井广场
南街组团小广场
城隍庙广场

井字形水陆空间格局

游客游览路线

外部道路联系

内部道路疏通

空间景观规划

主要节点空间

保护镇区规划结构分析

周铁传统村的非物质文化及其物质性载体的“现状保存完整度”可分为基本完整、主体尚存、濒危和已消失四类。在传统村的非物质文化中，大部分都进行了较好地传承，并且现在也加大了宣传力度。但一些民俗、传统活动都已消失不见，如说大书、吃茶、听戏等。

针对以上濒危或已消失类型的非物质文化，课题组提倡应继承传统：在空间规划上，增设建筑与公共空间；在时间规划上，安排不同文化活动的时间频率，以形成一条完整的周铁传统村文化的时间轴。例如，开设茶室、增设活动广场，以满足品茶、听戏的活动需求；举办宜兴说大书活动、男欢女嬉舞蹈表演等节目，举办鹞笛风筝技艺培训，以传承手工技艺。

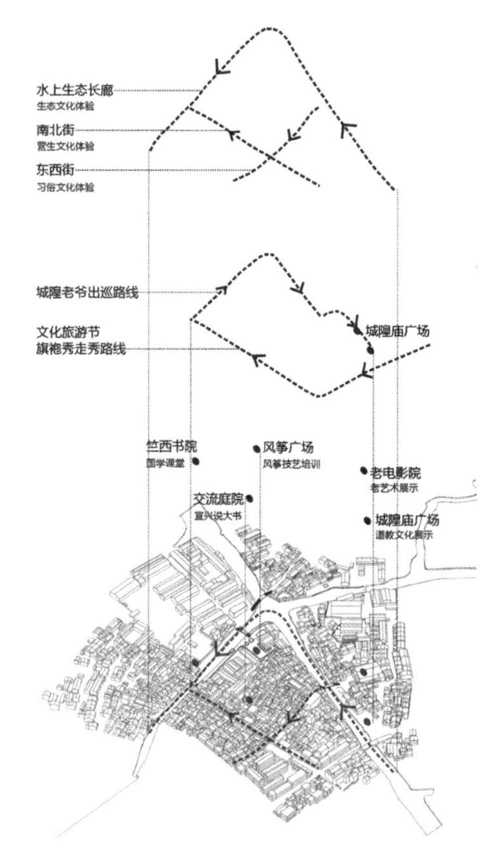

水上生态长廊
生态文化体验
南北街
营生文化体验
东西街
习俗文化体验
城隍老爷出巡路线
文化旅游节
旗袍秀走秀路线
城隍庙广场
竺西书院
国学课堂
风筝广场
风筝技艺培训
老电影院
老艺术展示
交流庭院
宜兴说大书
城隍庙广场
道教文化展示

空间路线规划

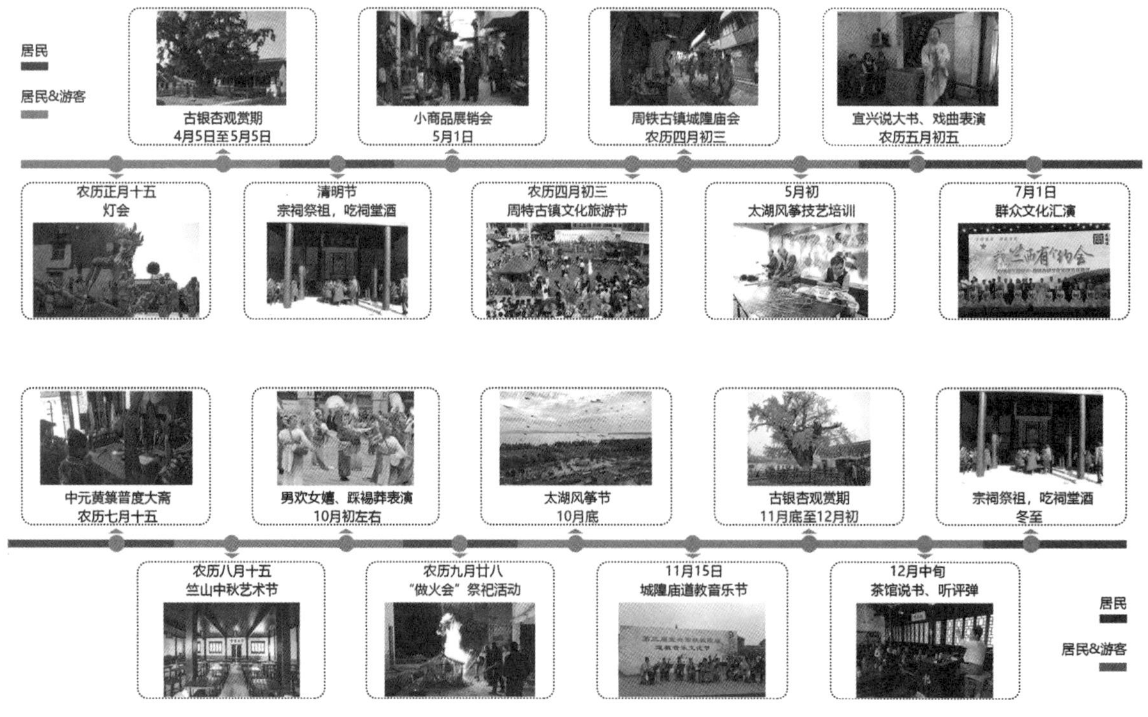

居民
居民&游客
古银杏观赏期
4月5日至5月5日
小商品展销会
5月1日
周铁古镇城隍庙会
农历四月初三
宜兴说大书、戏曲表演
农历五月初五
农历正月十五
灯会
清明节
宗祠祭祖，吃祠堂酒
农历四月初三
周特古镇文化旅游节
5月初
太湖风筝技艺培训
7月1日
群众文化汇演
中元黄箓普度大斋
农历七月十五
男欢女嬉、踩禤莽表演
10月初左右
太湖风筝节
10月底
古银杏观赏期
11月底至12月初
宗祠祭祖，吃祠堂酒
冬至
农历八月十五
竺山中秋艺术节
农历九月廿八
“做火会”祭祀活动
11月15日
城隍庙道教音乐节
12月中旬
茶馆说书、听评弹
居民
居民&游客

文化时间规划

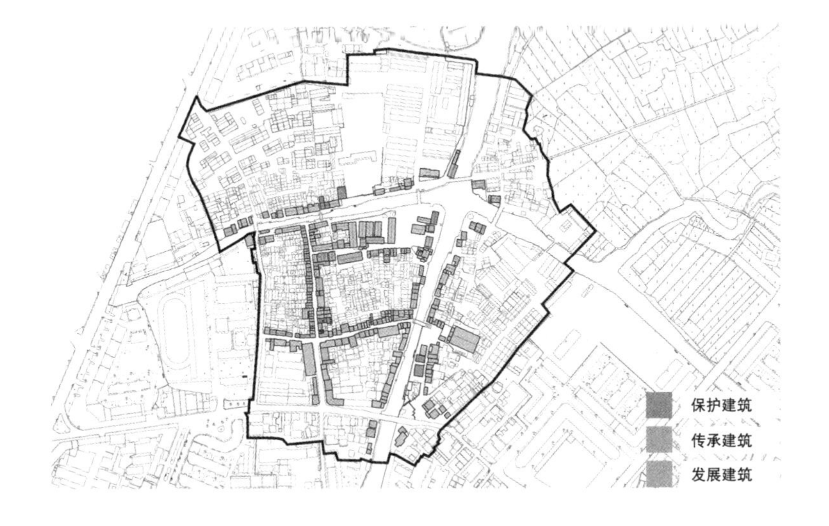
保护建筑
传承建筑
发展建筑
建筑保护传承发展倾向

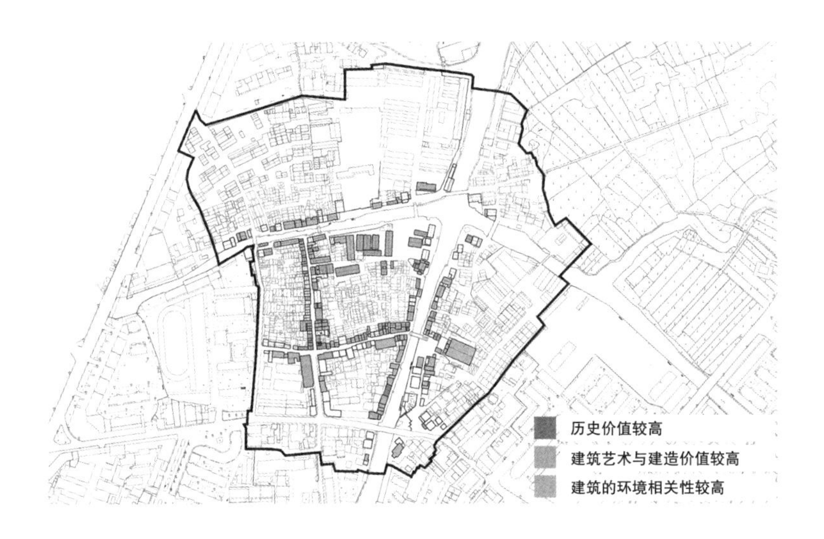
历史价值较高
建筑艺术与建造价值较高
建筑的环境相关性较高
传承建筑改造利用倾向

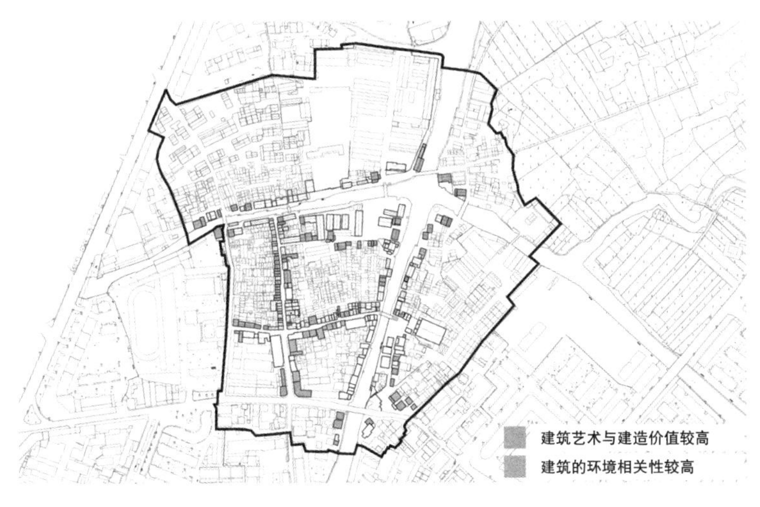
建筑艺术与建造价值较高
建筑的环境相关性较高
发展建筑改造利用倾向

建筑活态化利用导则概念

2.1.2 基于“三生”视角的传统村落活态化保护利用（二）

本规划从生产、生活、生态的“三生”视角出发，运用多元策略对周铁传统村、街巷、建筑室内三个活化层级的对象进行活态化保护利用。

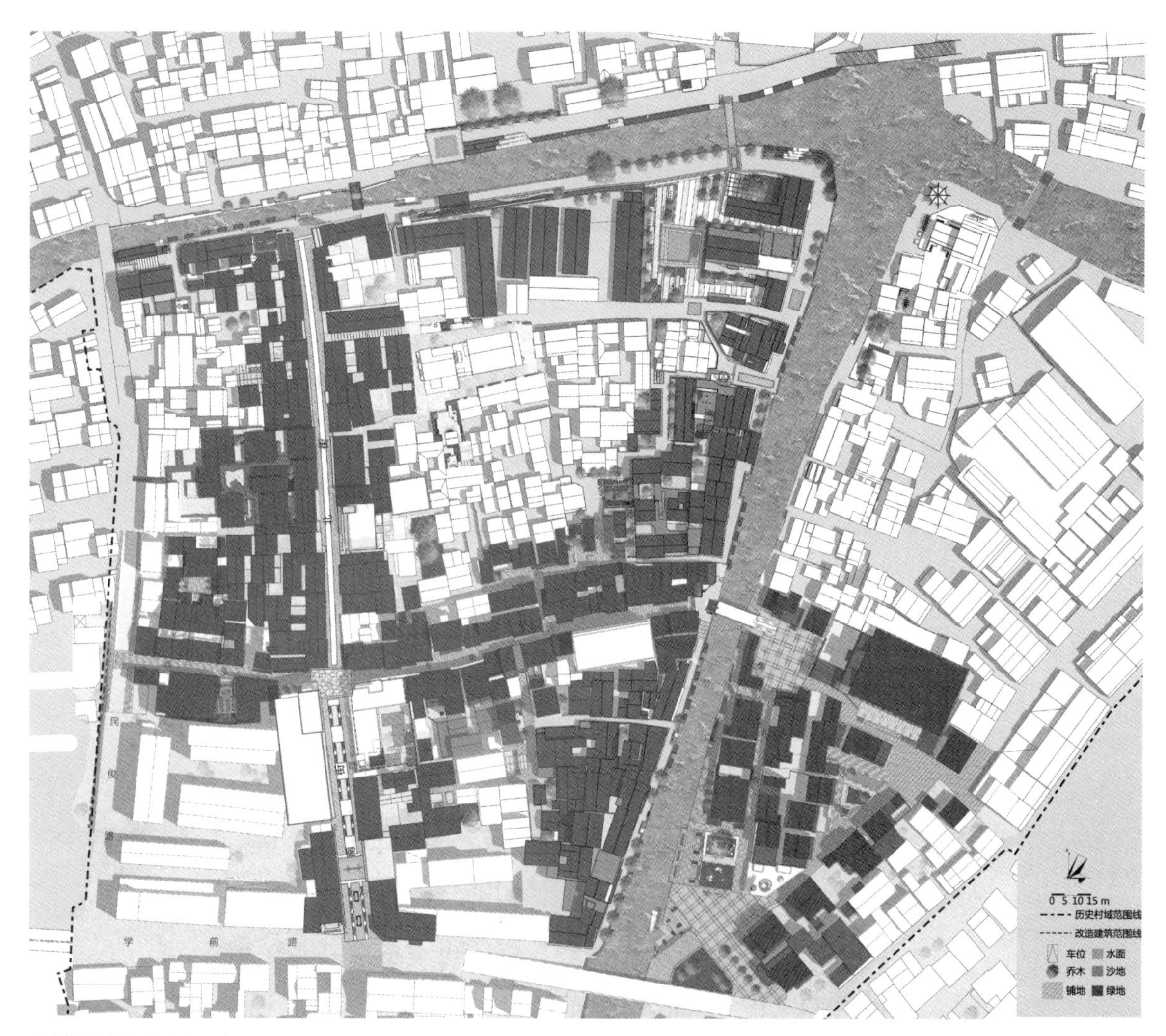

民俊路
学前路
0 5 10 15 m
历史村域范围线
改造建筑范围线
车位
水面
乔木
沙地
铺地
绿地

周铁传统村规划设计总平面图

主要设计范围包括周铁传统村南北街、东西街以及沿河区域。通过分析各街道的空间特征和历史资源分布，挖掘文化特色，对各街道进行多元定位，促进差异化发展。

为了加强各部分的联系，促进村落整体繁荣，本方案规划了新的游览路径，对村域要素进行了重新组织，以激发村落活力。

沿河街
生态与生活
展览+原真生活体验
小街
生态与生活
民俗活动
南北街
生活与生产
历史文化体验
东西街
生产与生活
特色商业
城隍老爷出巡路线
风筝广场
风筝技艺培训
周铁书局
特色书店
竺西书院
国学课堂
电影院广场
民俗活动
日常旅游路线
小商品展销会路线
十字街口
商业文化
入口广场
游客服务中心
银杏广场
道教文化
周铁
区位分析
上位规划
历史沿革
背景研究
发展资源
空间结构
类型提取
人群活动
现状分析
定位
室内
街巷
建筑
活化层级
“三生”视角
基础
核心
本底
生产
生活
生态
行为活态化
空间活态化
文化活态化
产业活态化
复原场所活动
优化游览路线
保留原有格局肌理
维持历史风貌
改善环境质量
挖掘文化资源
多元定位差异发展
保留引导原有产业
植入特色产业
形成带动效应
南北街
以历史记忆、门户展示为主
东西街
以商业复兴、市井风貌为主
沿河街
以滨水生活风貌展示为主
记忆
市井
乡居生活

游线规划

设计框架

2.2 陆巷古村

基于前期文献研究与实地调研，挖掘村落特色与价值，在总体规划设计的指导下，以“文旅开发”与“农旅互融”为两大视角，对陆巷古村进行活态化保护与利用设计。

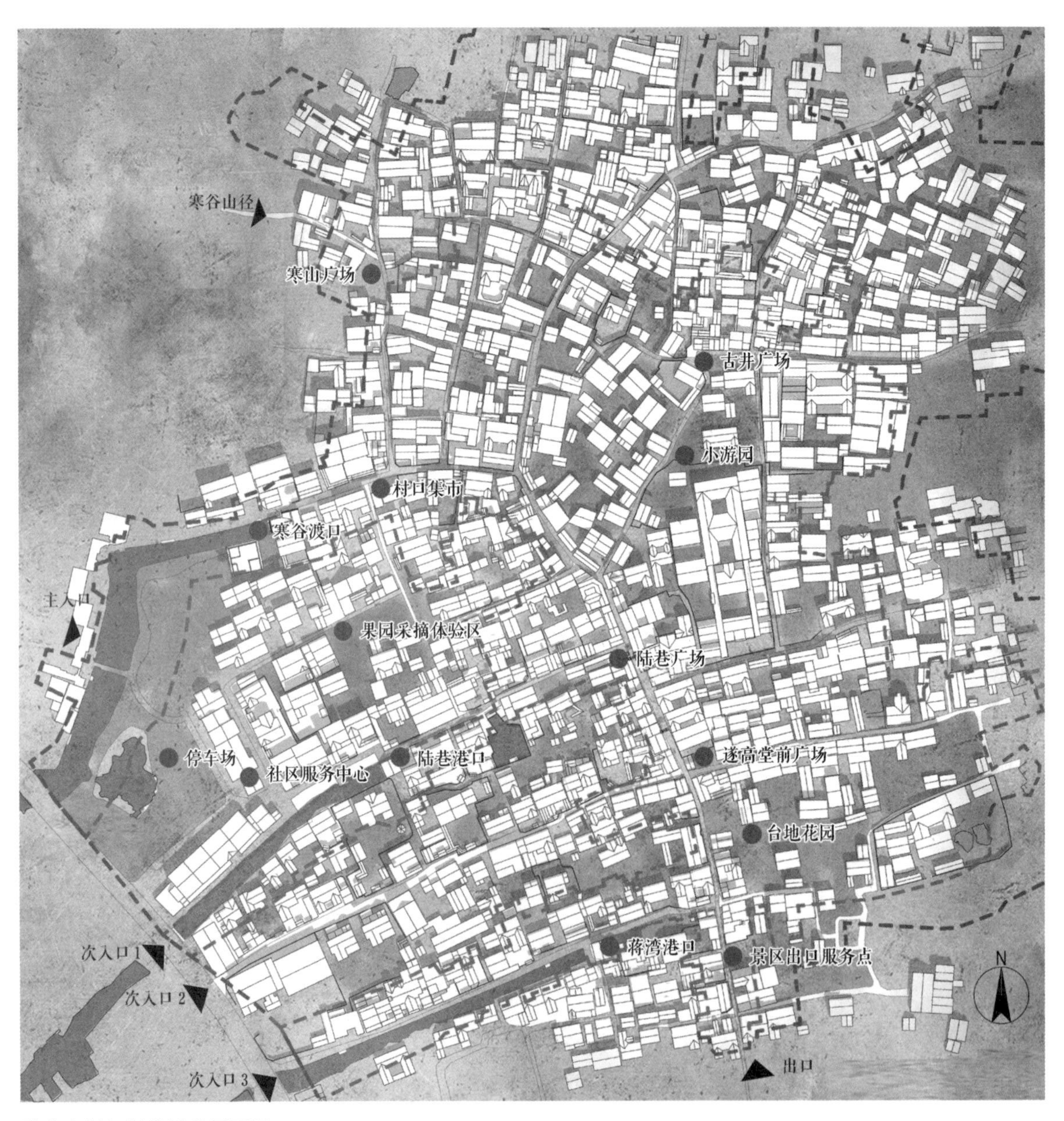

寒谷山径
寒山广场
古井广场
小游园
村口集市
寒谷渡口
主入口
果园采摘体验区
陆巷广场
停车场
社区服务中心
陆巷港口
遂高堂前广场
台地花园
次入口1
蒋湾港口
景区出口服务点
次入口2
次入口3
出口
N

陆巷古村规划设计总平面图

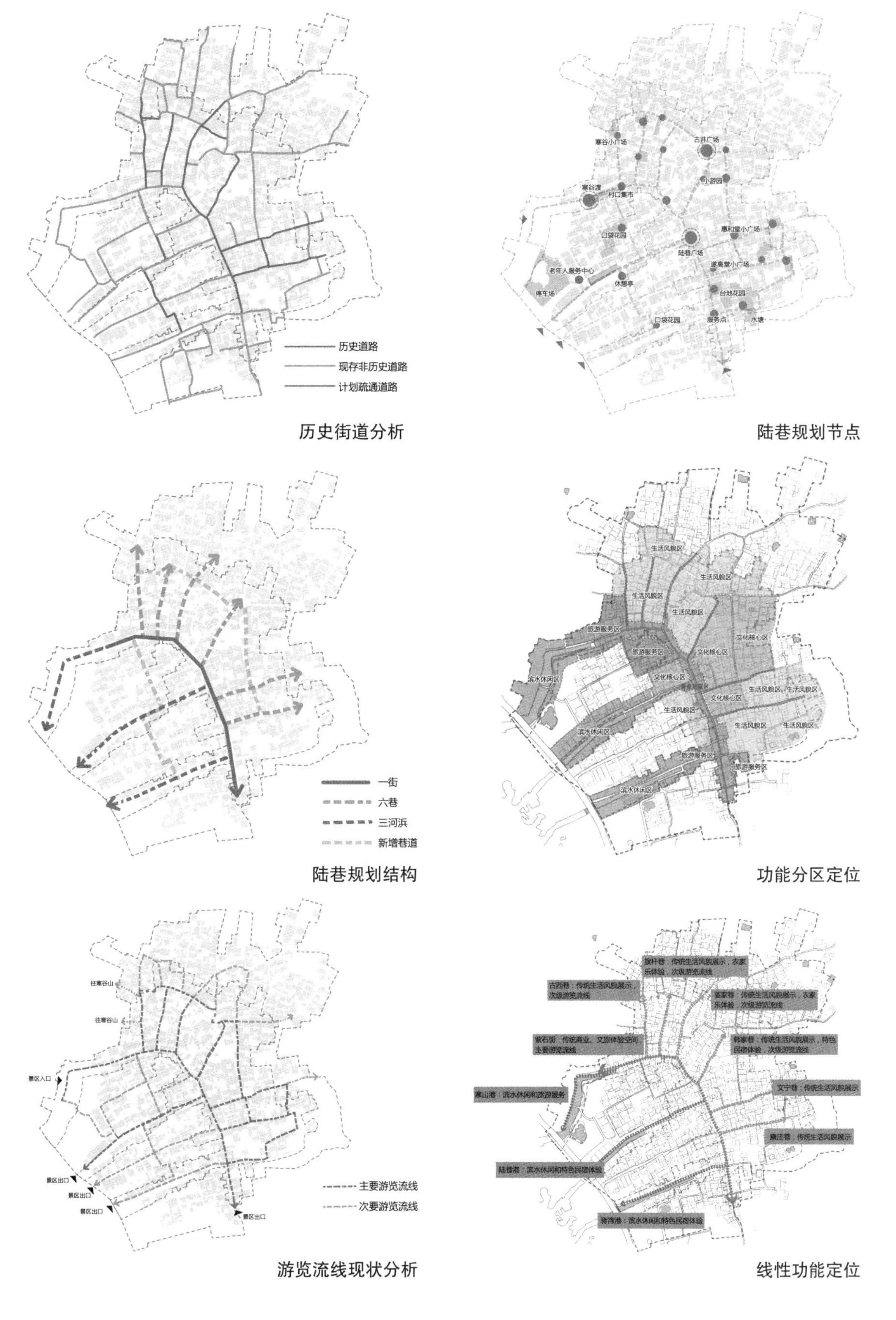
历史道路
现存非历史道路
计划疏通道路
寒谷小广场
古井广场
小游园
寒谷渡
村口集市
口袋花园
惠和堂小广场
陆巷广场
遂高堂小广场
老年人服务中心
休憩亭
台地花园
停车场
口袋花园
服务点
水塘
一街
六巷
三河浜
新增巷道
生活风貌区
生活风貌区
生活风貌区
生活风貌区
旅游服务区
旅游服务区
文化核心区
文化核心区
滨水休闲区
文化核心区
文化核心区
生活风貌区
生活风貌区
生活风貌区
生活风貌区
生活风貌区
滨水休闲区
旅游服务区
旅游服务区
滨水休闲区
往寒谷山
往寒谷山
景区入口
景区出口
景区出口
景区出口
景区出口
主要游览流线
次要游览流线
旗杆巷：传统生活风貌展示，农家乐体验，次级游览流线
古西巷：传统生活风貌展示，次级游览流线
姜家巷：传统生活风貌展示，农家乐体验，次级游览流线
紫石街：传统商业、文旅体验空间，主要游览流线
韩家巷：传统生活风貌展示，特色民宿体验，次级游览流线
寒山港：滨水休闲和旅游服务
文宁巷：传统生活风貌展示
康庄巷：传统生活风貌展示
陆巷港：滨水休闲和特色民宿体验
蒋湾港：滨水休闲和特色民宿体验

历史街道分析

陆巷规划节点

陆巷规划结构

功能分区定位

游览流线现状分析

线性功能定位

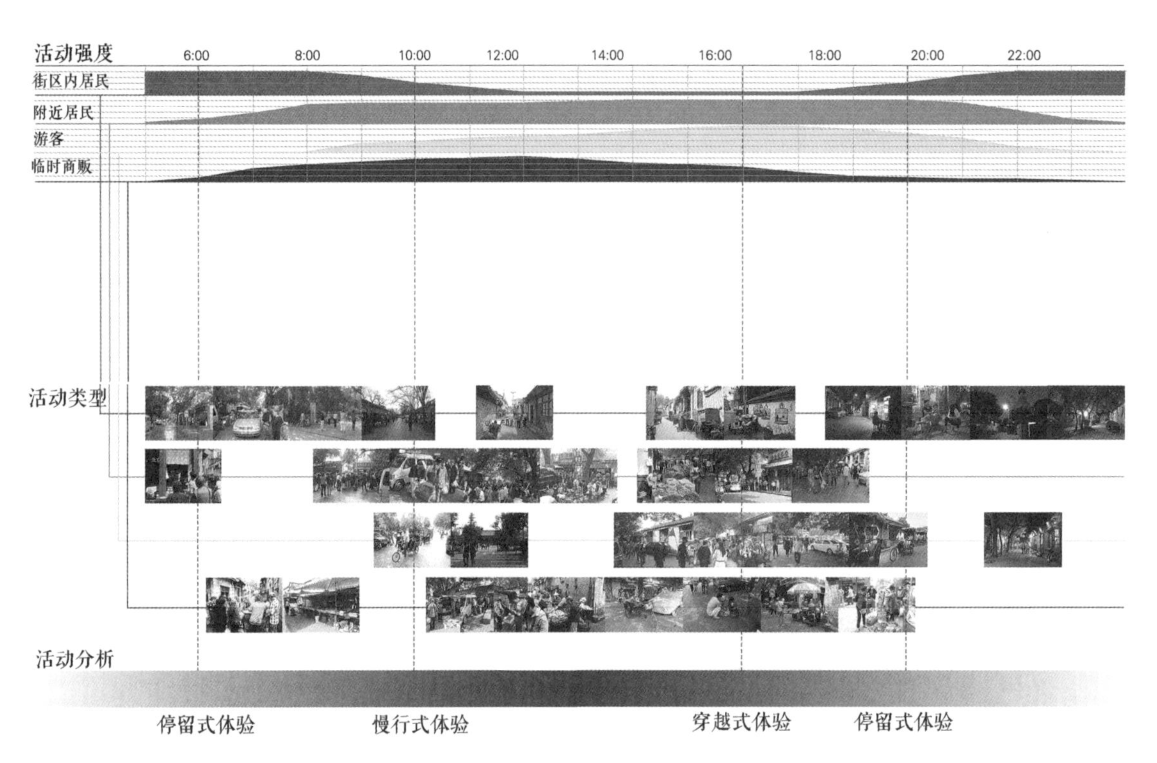
活动强度
6:00
8:00
10:00
12:00
14:00
16:00
18:00
20:00
22:00
街区内居民
附近居民
游客
临时商贩
活动类型
活动分析
停留式体验
慢行式体验
穿越式体验
停留式体验

公共空间人群活动分析

自然环境	半人工环境						
山水相融	滨水环境					山水相融	
枣谷山公园	桥梁	码头	滨水公园	滨水广场	滨水亭子	山边街巷	山边广

公共空间节点分布

人工环境							
山水相融		街巷内		宅旁			
边码头	山脚水塘	沿街广场	巷弄入口	建筑前广场	建筑入口	公共建筑	

公共空间位置类型分类

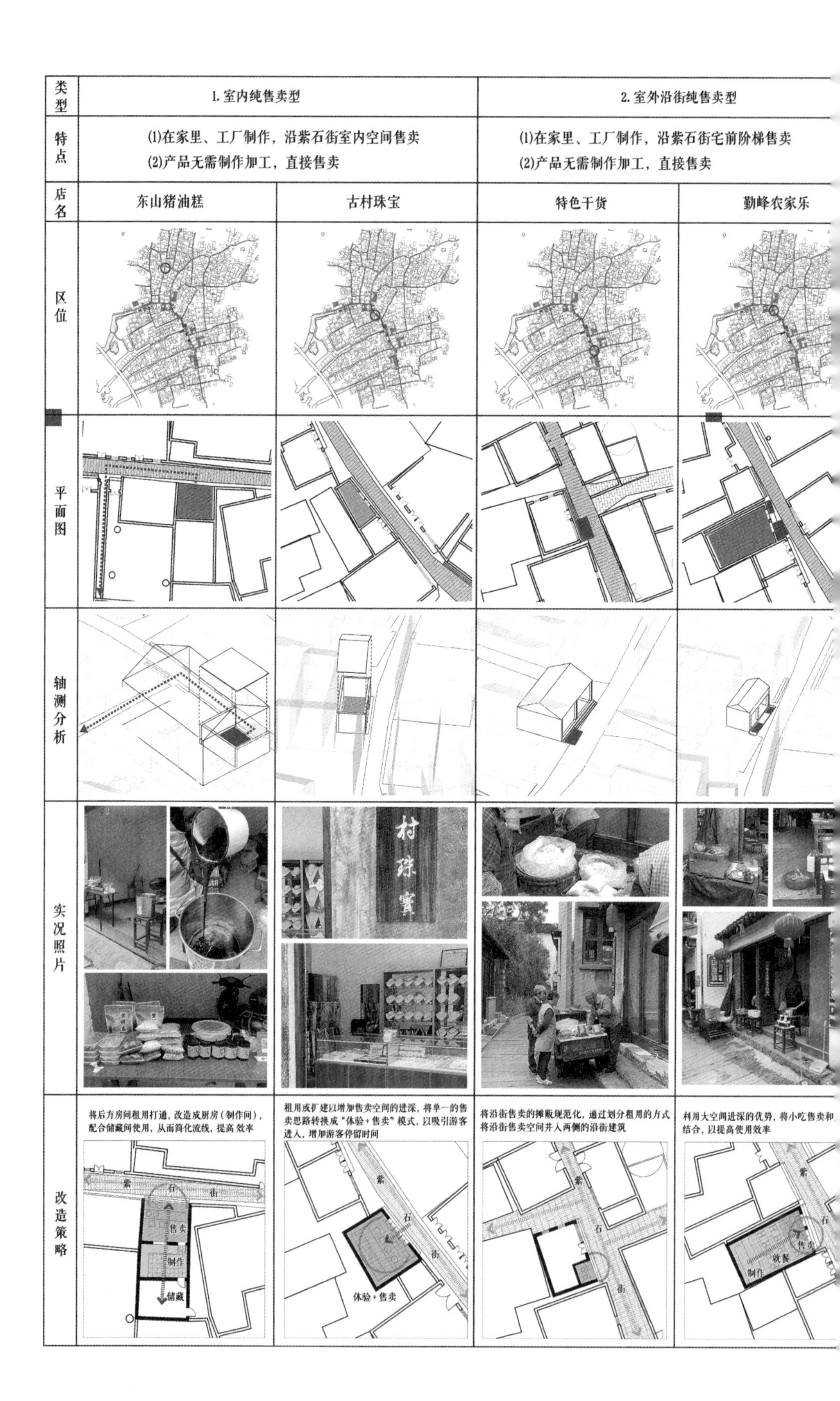
类型
1.室内纯售卖型
2.室外沿街纯售卖型
特点
(1)在家里、工厂制作，沿紫石街室内空间售卖
(2)产品无需制作加工，直接售卖
(1)在家里、工厂制作，沿紫石街宅前阶梯售卖
(2)产品无需制作加工，直接售卖
店名
东山猪油糕
古村珠宝
特色干货
勤峰农家乐
区位
平面图
轴测分析
实况照片
村珠寶
改造策略
将后方房间租用打通，改造成厨房（制作间），配合储藏间使用，从而简化流线，提高 效率
紫
石
街
售卖
制作
储藏
租用或扩建以增加售卖空间的进深，将单一的售卖思路转换成“体验+售卖”模式，以吸引游客进入，增加游客停留时间
紫
石
街
体验+售卖
将沿街售卖的摊贩规范化，通过划分租用的方式将沿街售卖空间并入两侧的沿街建筑
紫
石
街
利用大空间进深的优势，将小吃售卖和
结合，以提高使用效率
紫
石
售卖
就餐
制作

3. 制作、售卖跨街型		4. 制作、售卖组合型	
由几个较小进深的空间组合而成，沿紫石街两侧布局，空间范围覆盖紫石街，沿街会有厨房等辅助空间		较大进深空间，辅助功能空间位于后方，沿街售卖	
外婆家农家乐	紫石街农家土菜馆	陆巷白玉方糕	怀德堂小吃

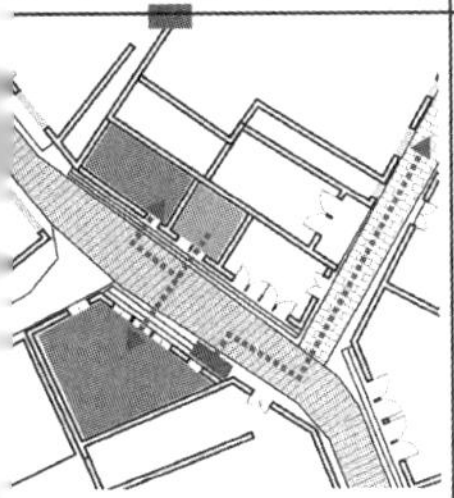	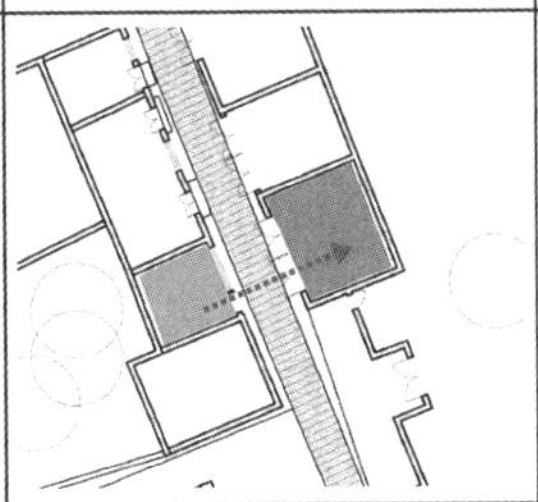	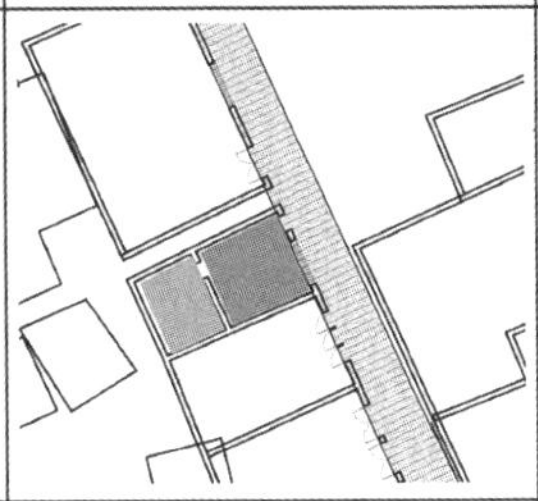	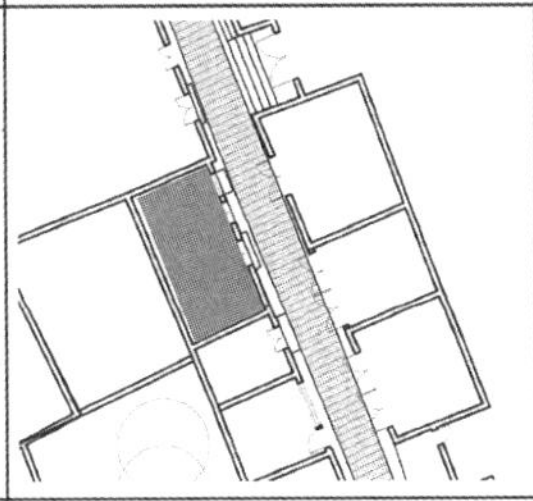
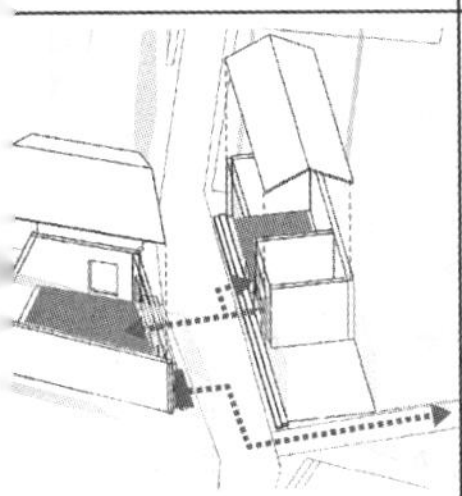	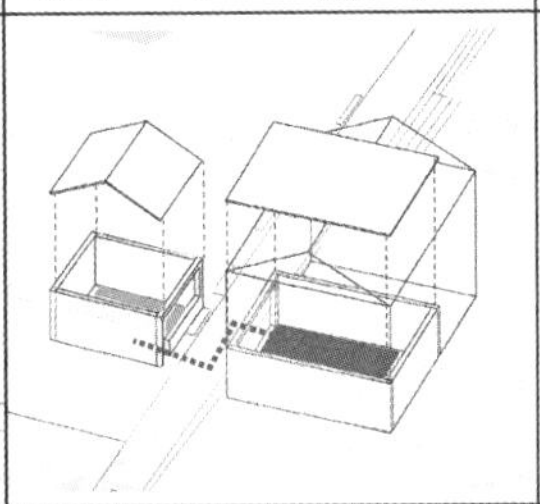	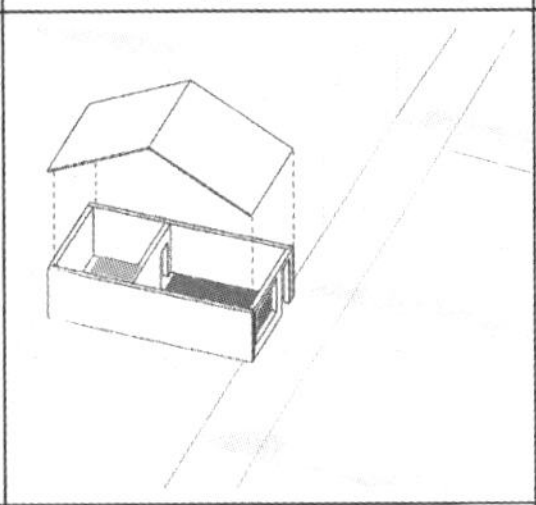	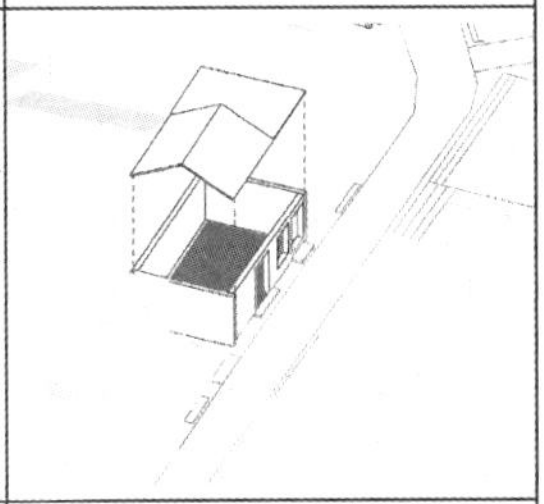

作本身作为一种展示形式和售卖结合，整合空间，以提高使用效率	对厨房进行整改，内部保留制作，将沿街面改为售卖小吃，保留一侧作为就餐空间的完整性	原有的制作、售卖模式发展较好，在原有格局上继续发展	充分利用沿核心街道的界面优势，部分沿街面作为售卖窗口，内部作为就餐空间，通过走道延伸进入更深处
紫 制作 售卖 就餐 石 街 就餐	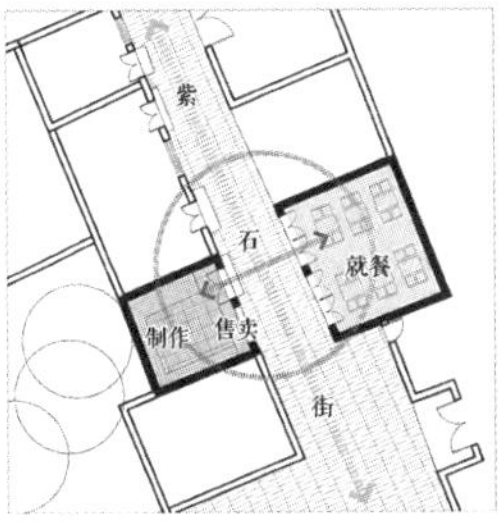紫 石 就餐 制作 售卖 街	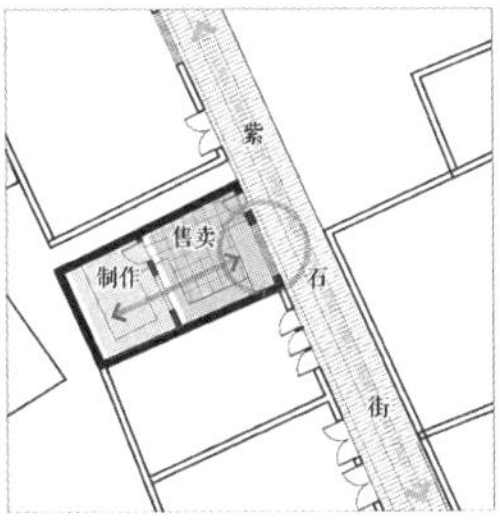紫 售卖 制作 石 街	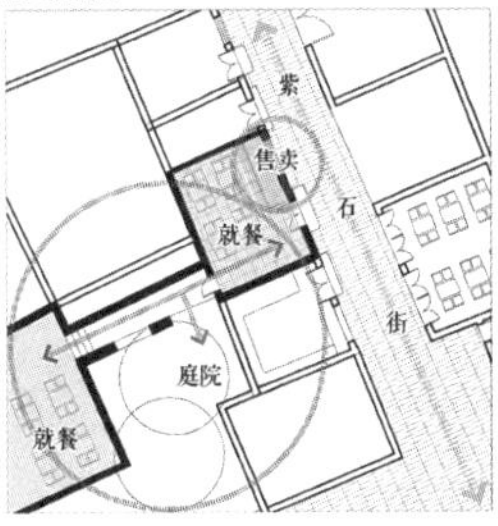紫 售卖 石 就餐 街 庭院 就餐

产业空间活态化设计导则

3　传统村落重点地段活态化保护利用规划设计

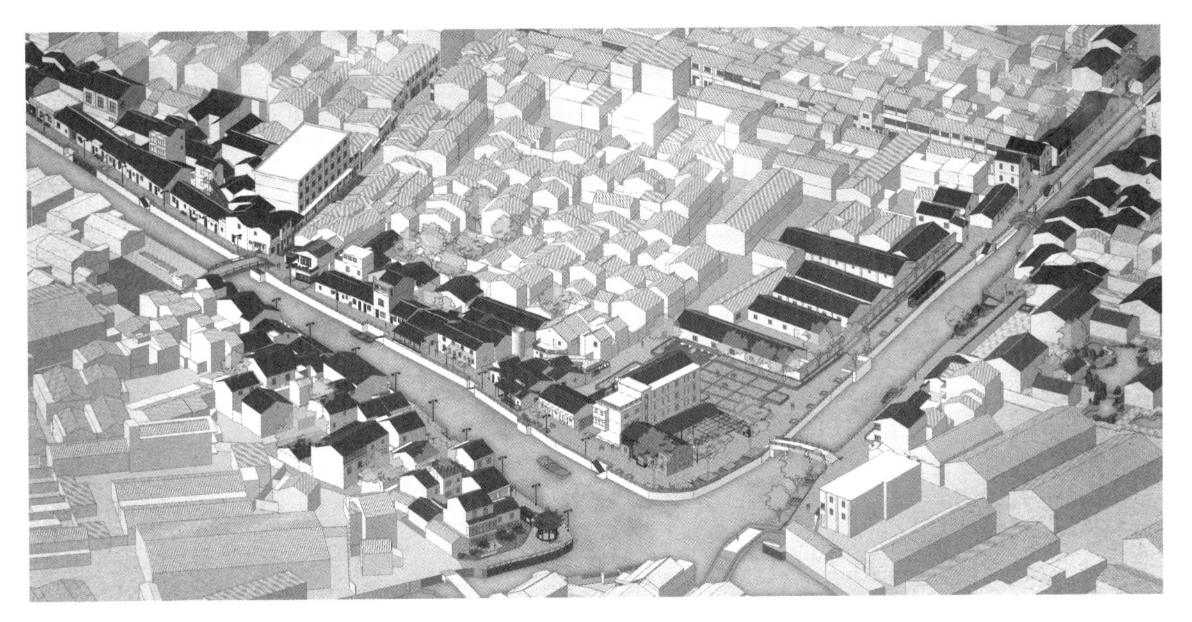

设计：　吴正浩　徐欣荣　李　斐　陈洁颖　白　雨　陈修桦　于新蕾　李孟睿
王　涵　陈　瑾　陈　洋　卜笑天　袁　玥　吴　娱　侯扬帆　刘源科
汪宝丽　徐利明　王菁睿　阿马尔　李常红　范静哲　乔　畅　王　涵
岳小超　罗淇桓　张聪慧　张婷婷　刘　琦　李　琴　颜世钦　陈　瑾
李雨昕

整理：　吴正浩　白　雨　袁　玥　侯扬帆　汪宝丽　王菁睿　乔　畅　范静哲
岳小超　张婷婷　王　涵　颜世钦　刘　琦　陈　瑾　李雨昕

3.1 周铁传统村南北街

3.1.1 新梦，是旧事的拆洗和缝补

规划设计将复兴周铁传统村特色商业活动，以体现乡村集市的生活感，同时，将休憩功能引入建筑，使居民和游客在此自由地互动交流。

南北街设计效果图

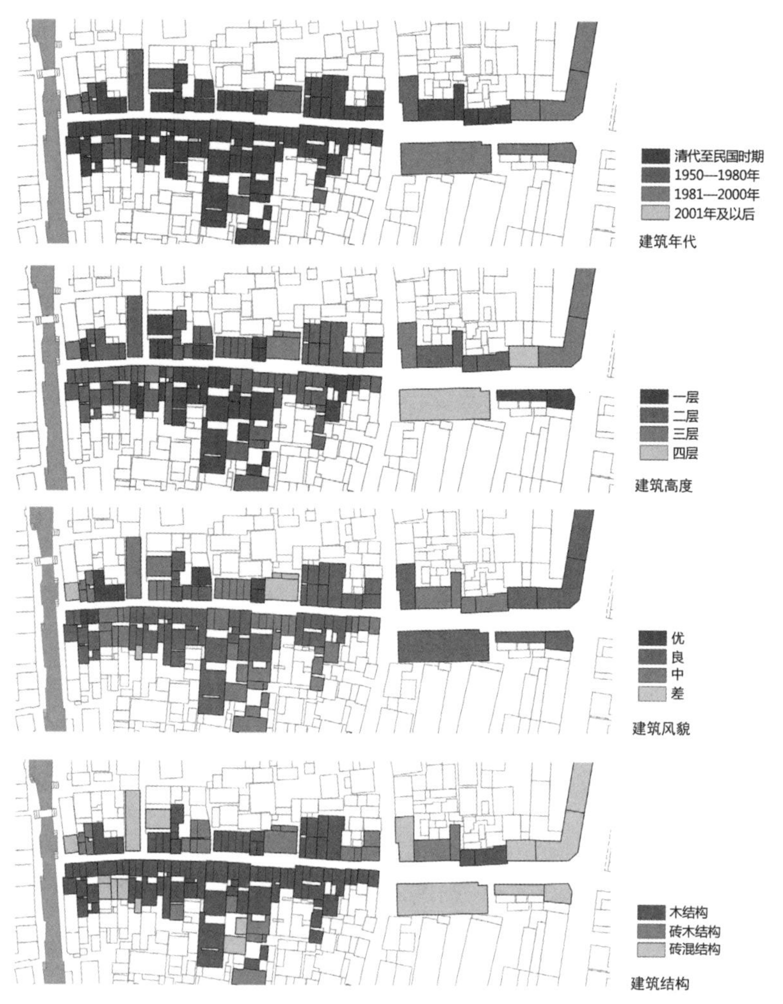
清代至民国时期
1950—1980年
1981—2000年
2001年及以后
建筑年代
一层
二层
三层
四层
建筑高度
优
良
中
差
建筑风貌
木结构
砖木结构
砖混结构
建筑结构

街道建筑现状分析

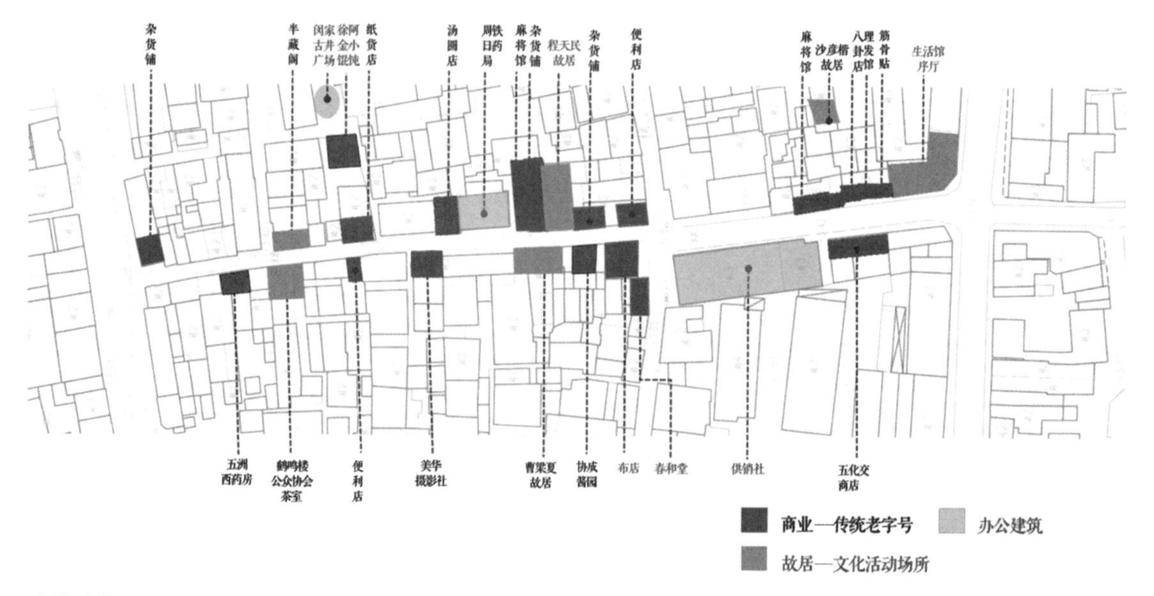
杂货铺
半藏阁
闵家古井广场
徐阿金小馄饨
纸货店
汤圆店
周铁日药局
麻将馆
杂货铺
程天民故居
杂货铺
便利店
麻将馆
沙彦楷故居
八卦店
理发馆
筋骨贴
生活馆序厅
五洲西药房
鹤鸣楼公众协会茶室
便利店
美华摄影社
曹渠夏故居
协成酱园
布店
春和堂
供销社
五化交商店
商业—传统老字号
办公建筑
故居—文化活动场所

建筑功能

公共建筑

工业建筑

商业建筑

历史建筑

建筑类型分析

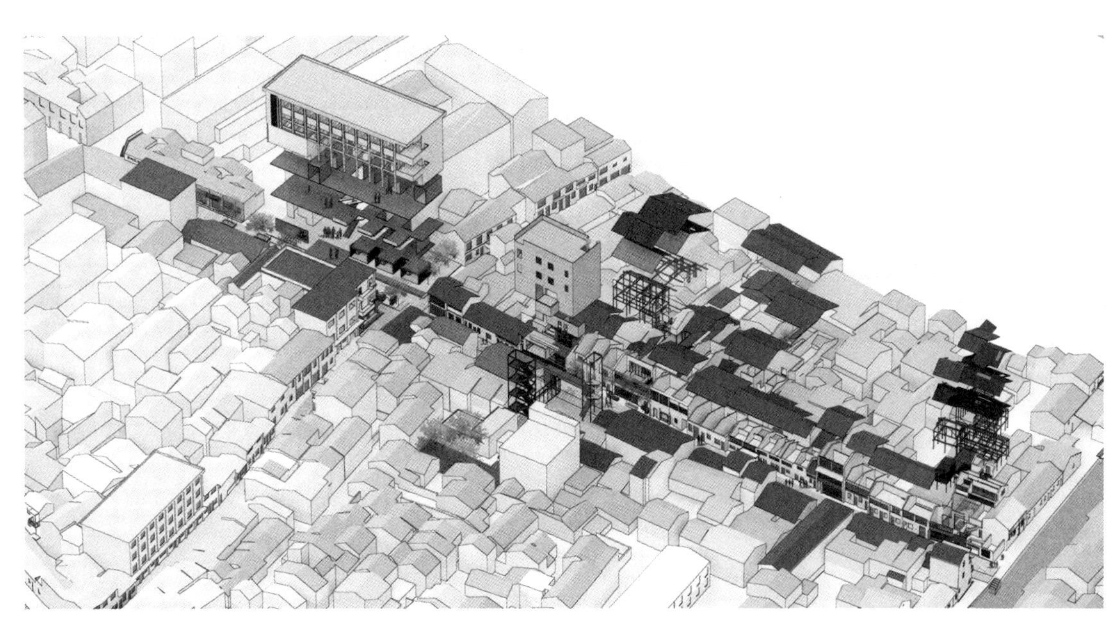

南北街改造效果图

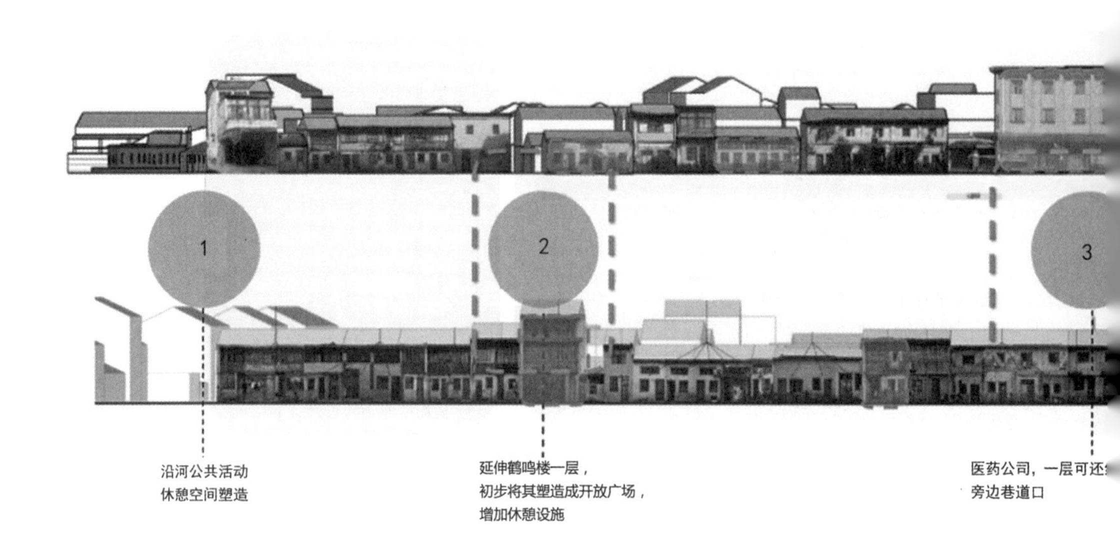
1
2
3
沿河公共活动
休憩空间塑造
延伸鹤鸣楼一层，
初步将其塑造成开放广场，
增加休憩设施
医药公司，一层可还
旁边巷道口

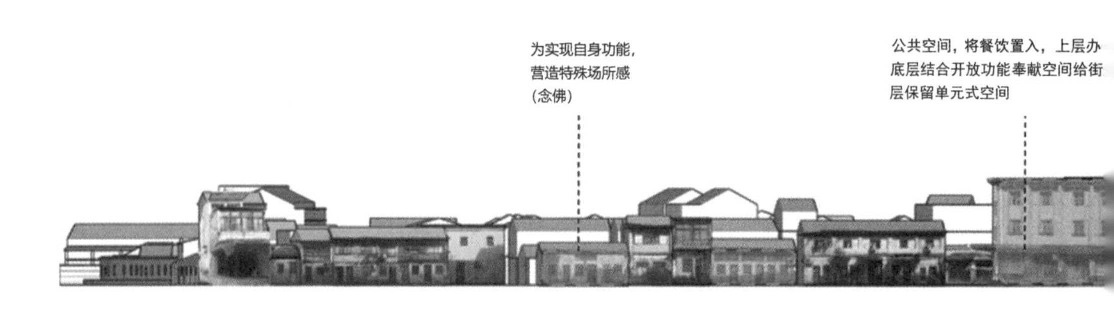
为实现自身功能，
营造特殊场所感
（念佛）
公共空间，将餐饮置入，上层办
底层结合开放功能奉献空间给街
层保留单元式空间

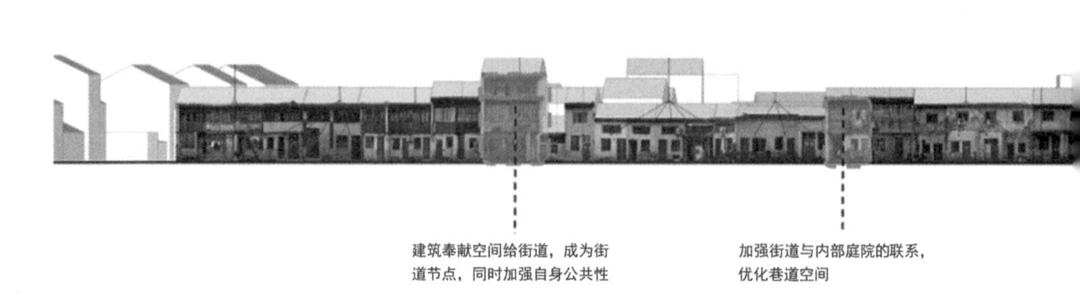
建筑奉献空间给街道，成为街
道节点，同时加强自身公共性
加强街道与内部庭院的联系，
优化巷道空间

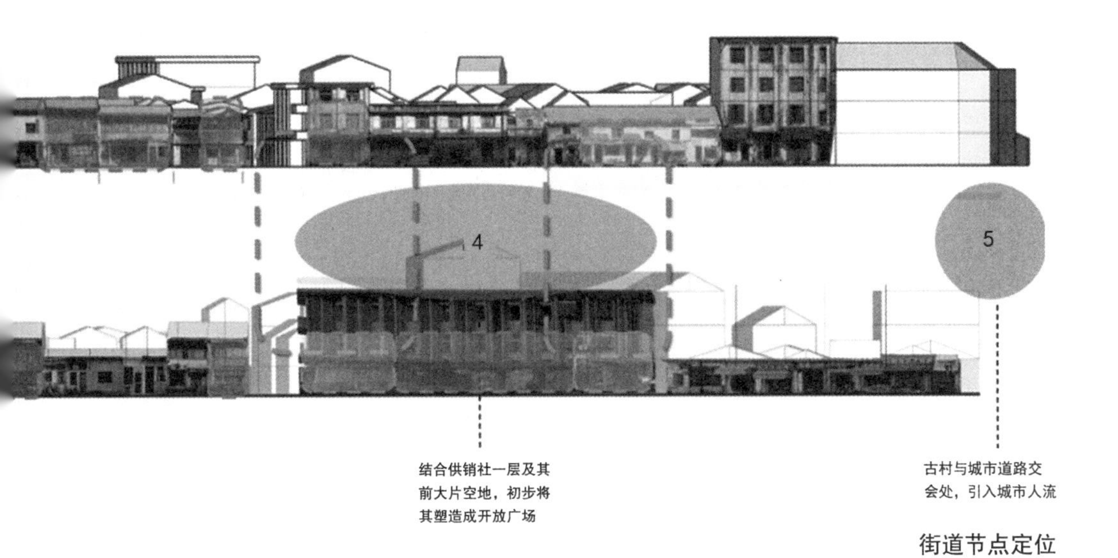
4
5
结合供销社一层及其
前大片空地，初步将
其塑造成开放广场
古村与城市道路交
会处，引入城市人流

街道节点定位

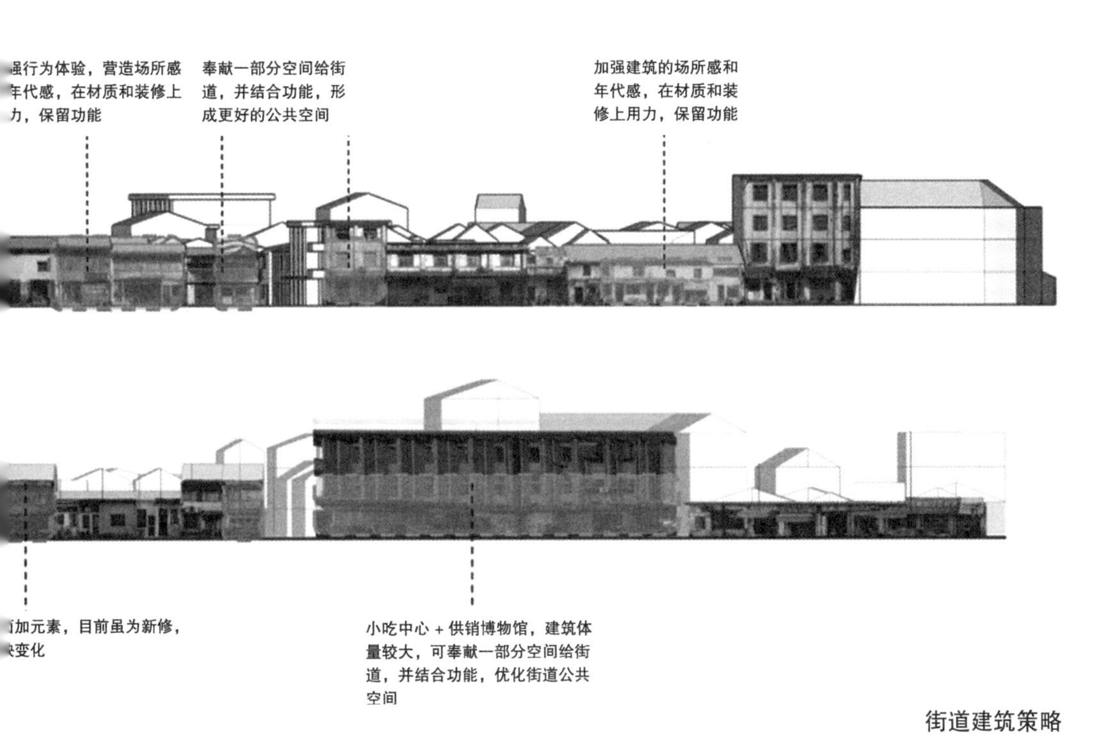
行为体验，营造场所感
年代感，在材质和装修上
力，保留功能
奉献一部分空间给街
道，并结合功能，形
成更好的公共空间
加强建筑的场所感和
年代感，在材质和装
修上用力，保留功能
加元素，目前虽为新修，
变化
小吃中心 + 供销博物馆，建筑体
量较大，可奉献一部分空间给街
道，并结合功能，优化街道公共
空间

街道建筑策略

（1）依托历史建筑和路口，打开多个生活与旅游的公共节点。

（2）本着尽量少拆的原则，居民空间的打开多依托已有的巷道空间或者违建建筑而形成，使得各个街巷形成整体，并营造出一些放大的节点空间。

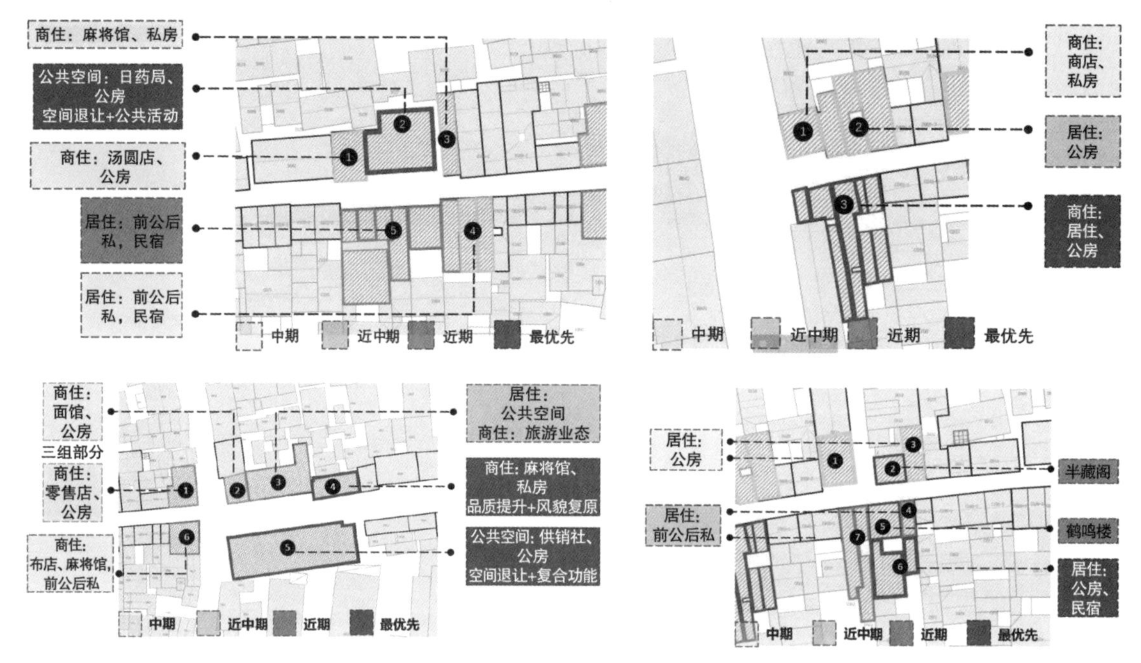

商住：麻将馆、私房
公共空间：日药局、公房
空间退让+公共活动
商住：汤圆店、公房
居住：前公后私，民宿
居住：前公后私，民宿
中期
近中期
近期
最优先
商住：商店、私房
居住：公房
商住：居住、公房
中期
近中期
近期
最优先
商住：面馆、公房
三组部分
商住：零售店、公房
商住：布店、麻将馆，前公后私
居住：公共空间
商住：旅游业态
商住：麻将馆、私房
品质提升+风貌复原
公共空间：供销社、公房
空间退让+复合功能
中期
近中期
近期
最优先
居住：公房
居住：前公后私
半藏阁
鹤鸣楼
居住：公房、民宿
中期
近中期
近期
最优先

改造功能定位

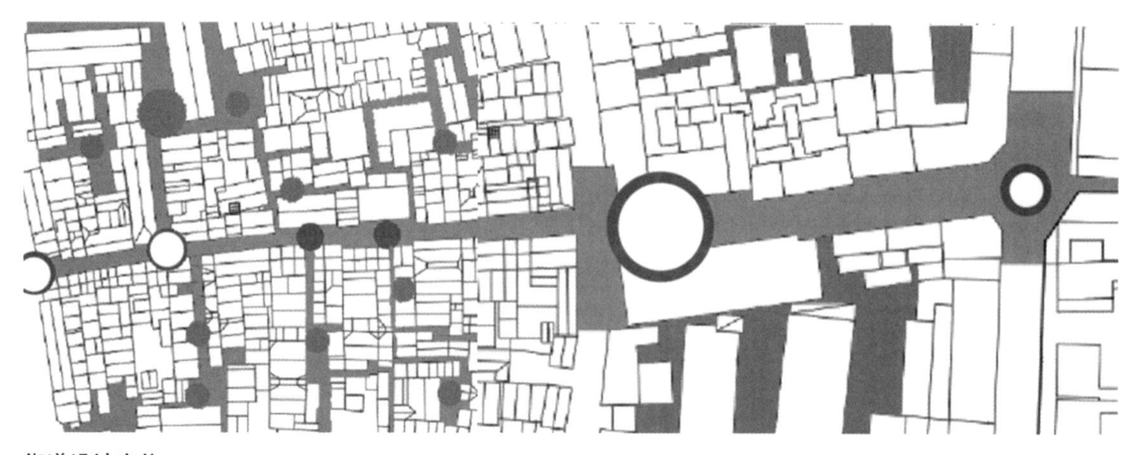

街道设计定位

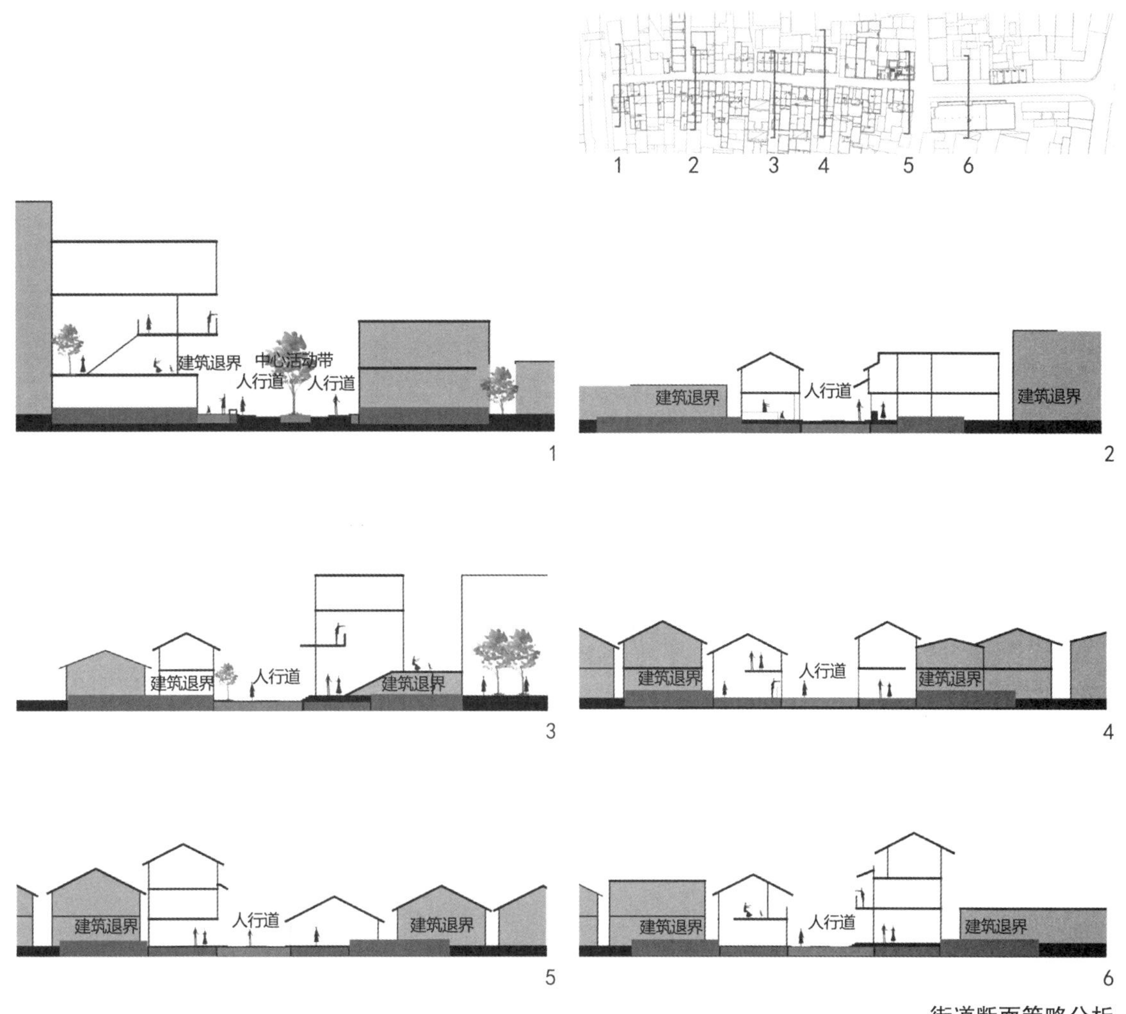
1
2
3
4
5
6
建筑退界
中心活动带
人行道
人行道
建筑退界
人行道
建筑退界
建筑退界
人行道
建筑退界
建筑退界
人行道
建筑退界
建筑退界
人行道
建筑退界
建筑退界
人行道
建筑退界

街道断面策略分析

街道设计效果图

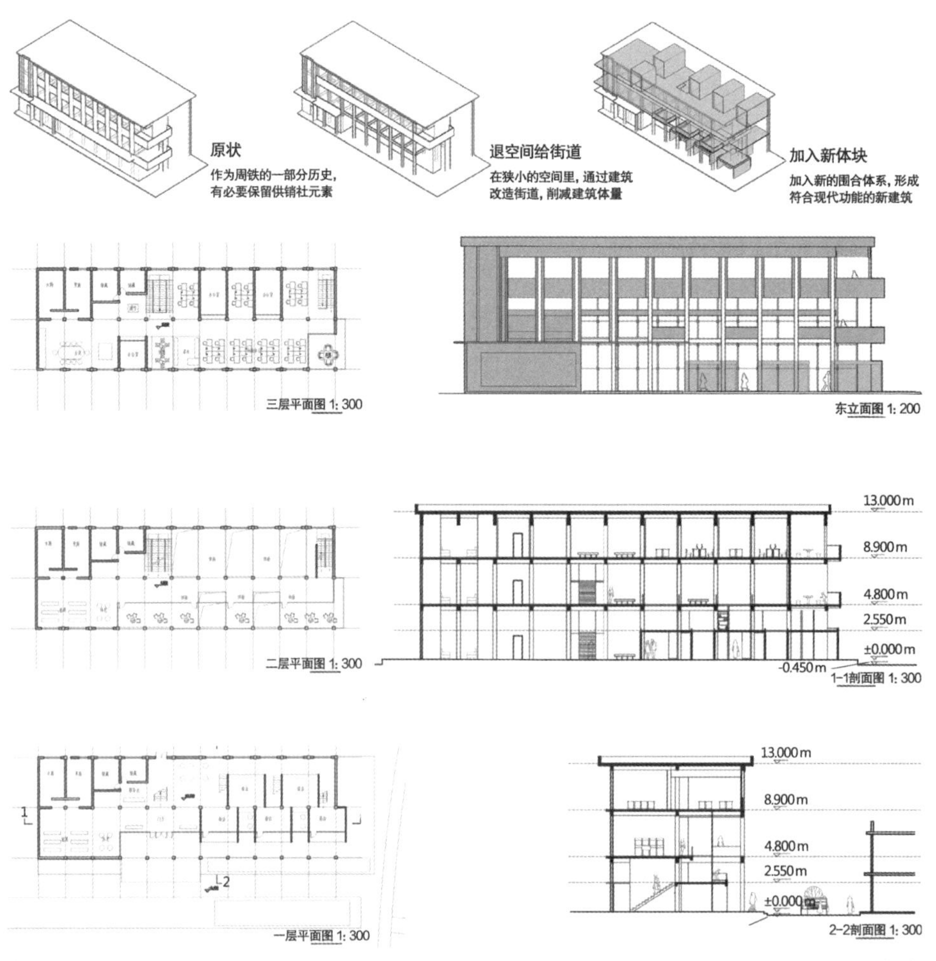
原状
作为周铁的一部分历史，有必要保留供销社元素
退空间给街道
在狭小的空间里，通过建筑改造街道，削减建筑体量
加入新体块
加入新的围合体系，形成符合现代功能的新建筑
三层平面图 1: 300
东立面图 1: 200
13.000m
8.900m
4.800m
2.550m
±0.000m
-0.450m
二层平面图 1: 300
1-1剖面图 1: 300
一层平面图 1: 300
2-2剖面图 1: 300

建筑改造 A

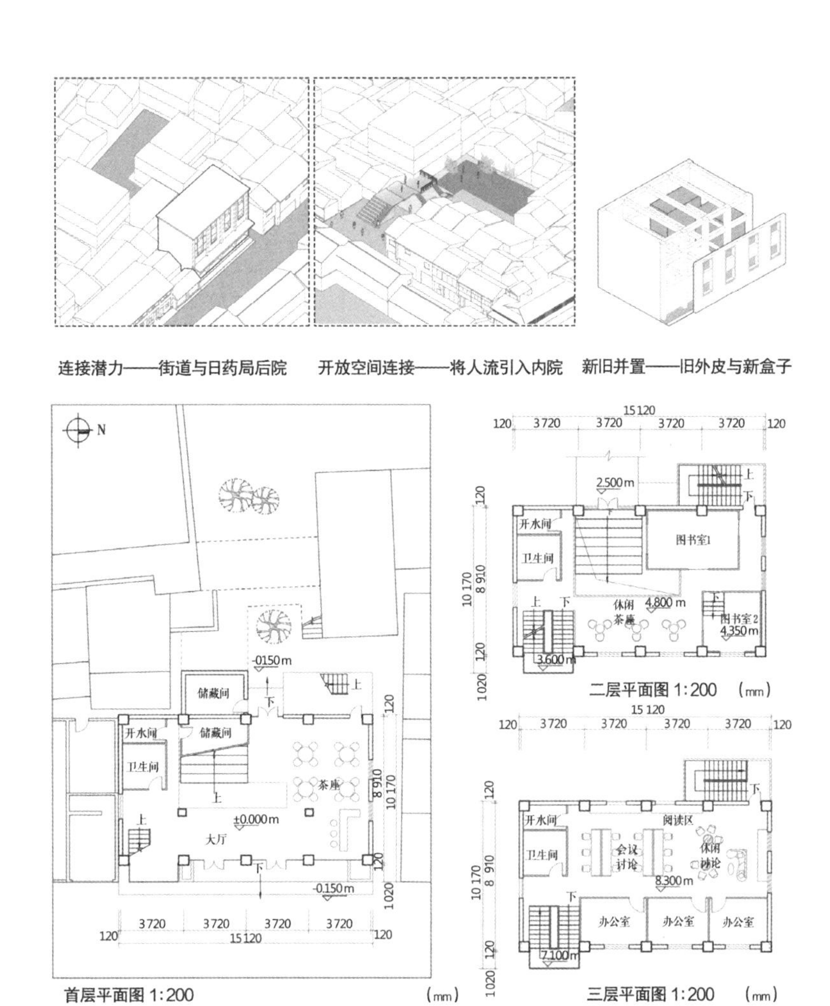

连接潜力——街道与日药局后院
开放空间连接——将人流引入内院
新旧并置——旧外皮与新盒子
储藏间
开水间
卫生间
茶座
大厅
±0.000 m
-0.150 m
首层平面图 1:200
（mm）
开水间
卫生间
图书室1
休闲茶座
图书室2
4.800 m
4.350 m
3.600 m
2.500 m
二层平面图 1:200
（mm）
开水间
卫生间
阅读区
会议讨论
休闲讨论
办公室
8.300 m
7.100 m
三层平面图 1:200
（mm）
15 120
3 720

建筑改造 B

3.1.2 旧底片，新生活

南北街历史悠久，是周铁传统村的发源地之一。南北街的历史建筑数量相比于东西街、沿河街而言要多。

闻声
入梦
游市
柳暗花明

重影
回生
梦醒
又遇

南北街设计鸟瞰图

建筑类型大致分为三种：文化建筑、商业建筑和居住建筑。相较于东西街、沿河街，南北街的公共建筑数量最多。

南北街的建筑承载了周铁传统村的一些历史事件和历史活动，各个年代的建筑各具特色，和谐共生。

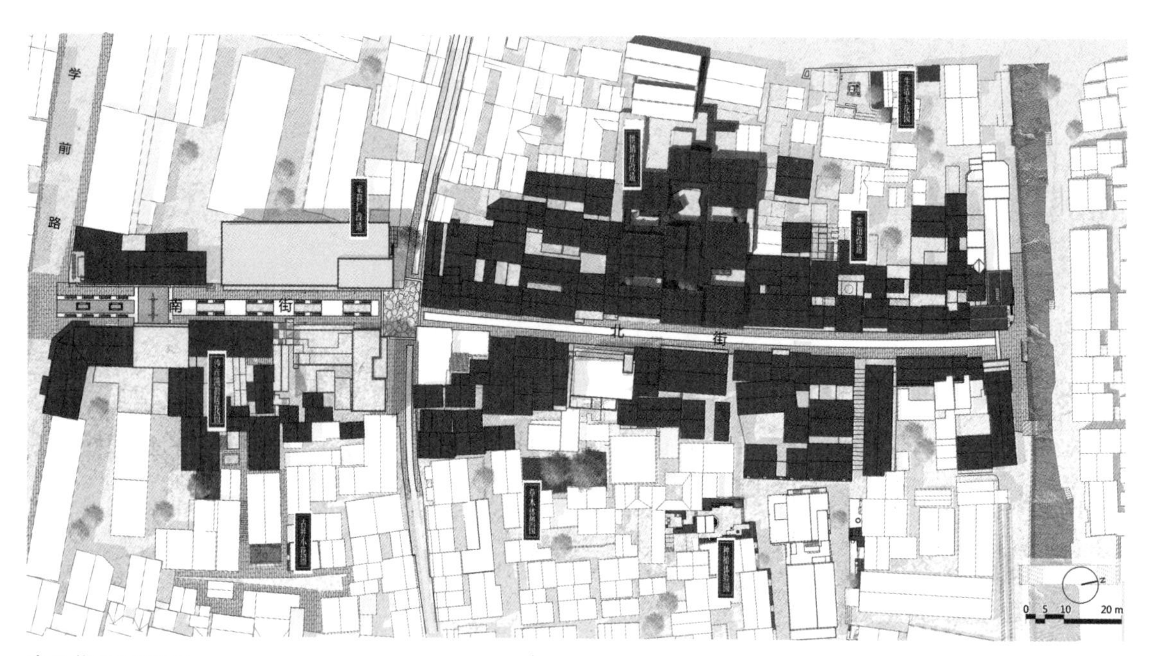

学
前
路
南
街
北
街
0 5 10 20 m

南北街总平面图

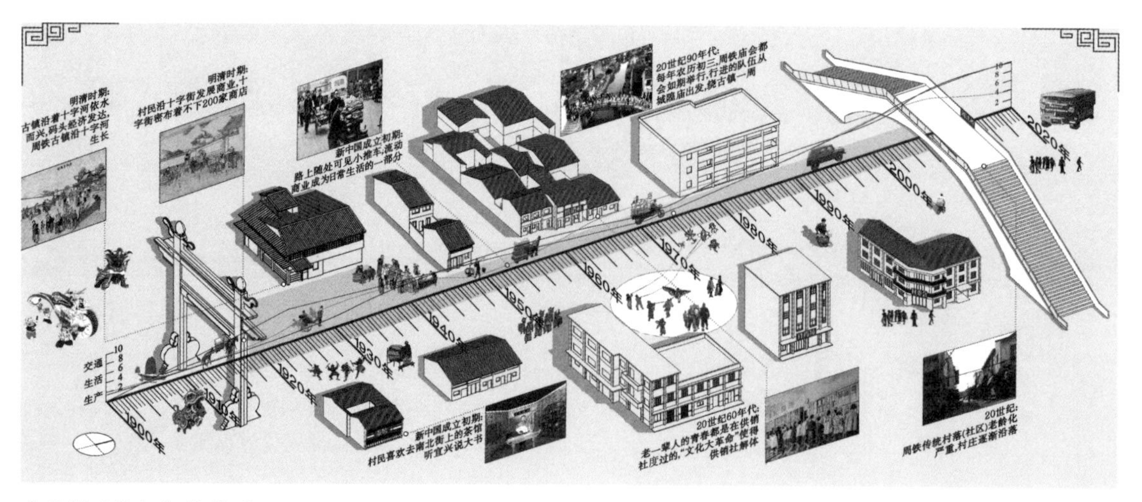

明清时期：
古镇沿着十字河依水而兴，码头经济发达，周铁古镇沿十字河生长
明清时期：
村民沿十字街发展商业，十字街密布着不下200家商店
新中国成立初期：
路上随处可见小推车，流动商业成为日常生活的一部分
20世纪90年代：
每年农历初三，周铁庙会都会如期举行，行进的队伍从城隍庙出发，绕古镇一周
交通
生活
生产
10
8
6
4
2
1900年
1910年
1920年
1930年
1940年
1950年
1960年
1970年
1980年
1990年
2000年
2020年
新中国成立初期：
村民喜欢去南北街上的茶馆听宜兴说大书
20世纪60年代：
老一辈人的青春都是在供销社度过的，"文化大革命"使得供销社解体
20世纪：
周铁传统村落(社区)老龄化严重，村庄逐渐沿落

南北街建筑与年代关系

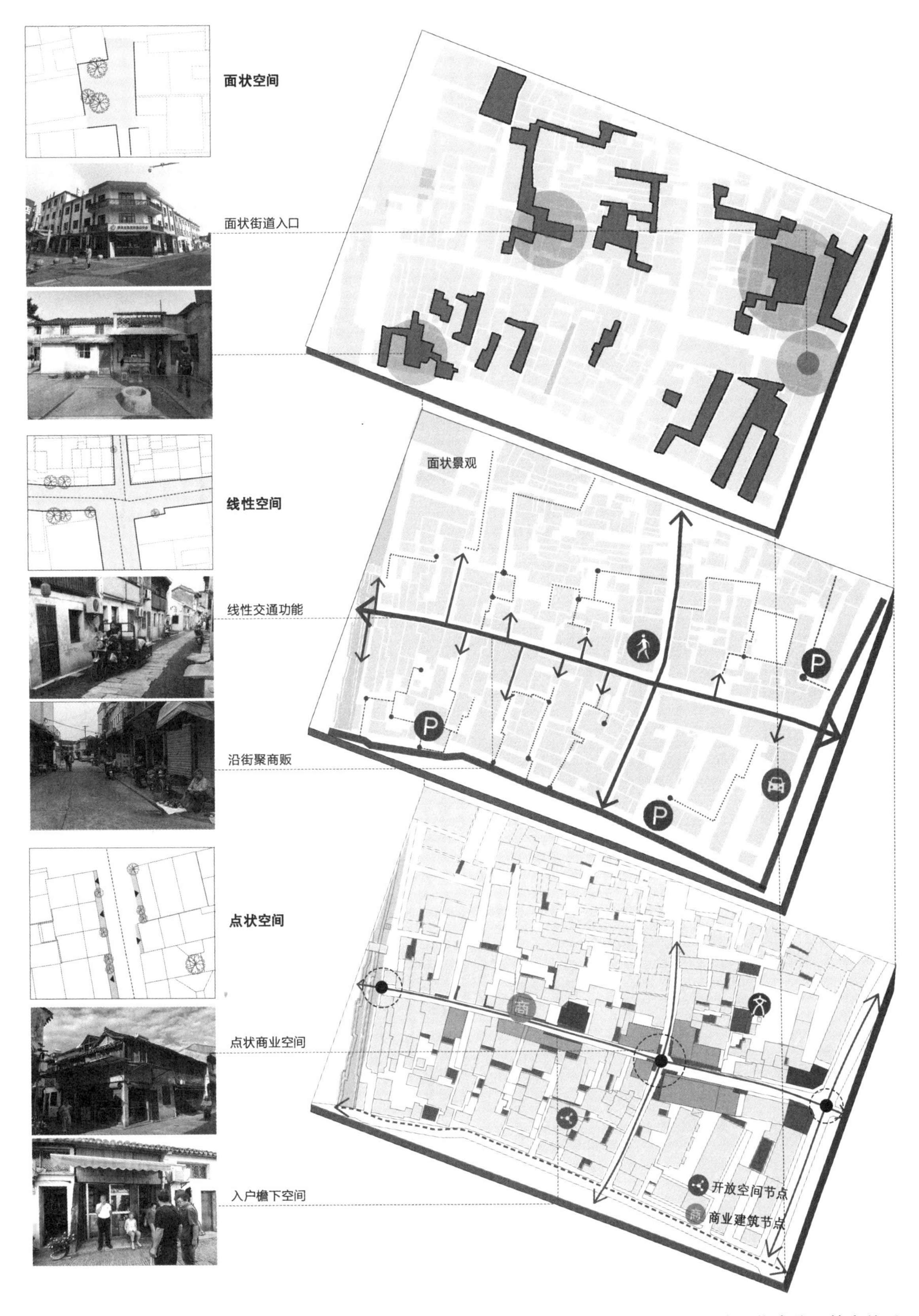

面状空间
面状街道入口
面状景观
线性空间
线性交通功能
沿街聚商贩
点状空间
点状商业空间
入户檐下空间
开放空间节点
商业建筑节点

南北街点线面基底关系

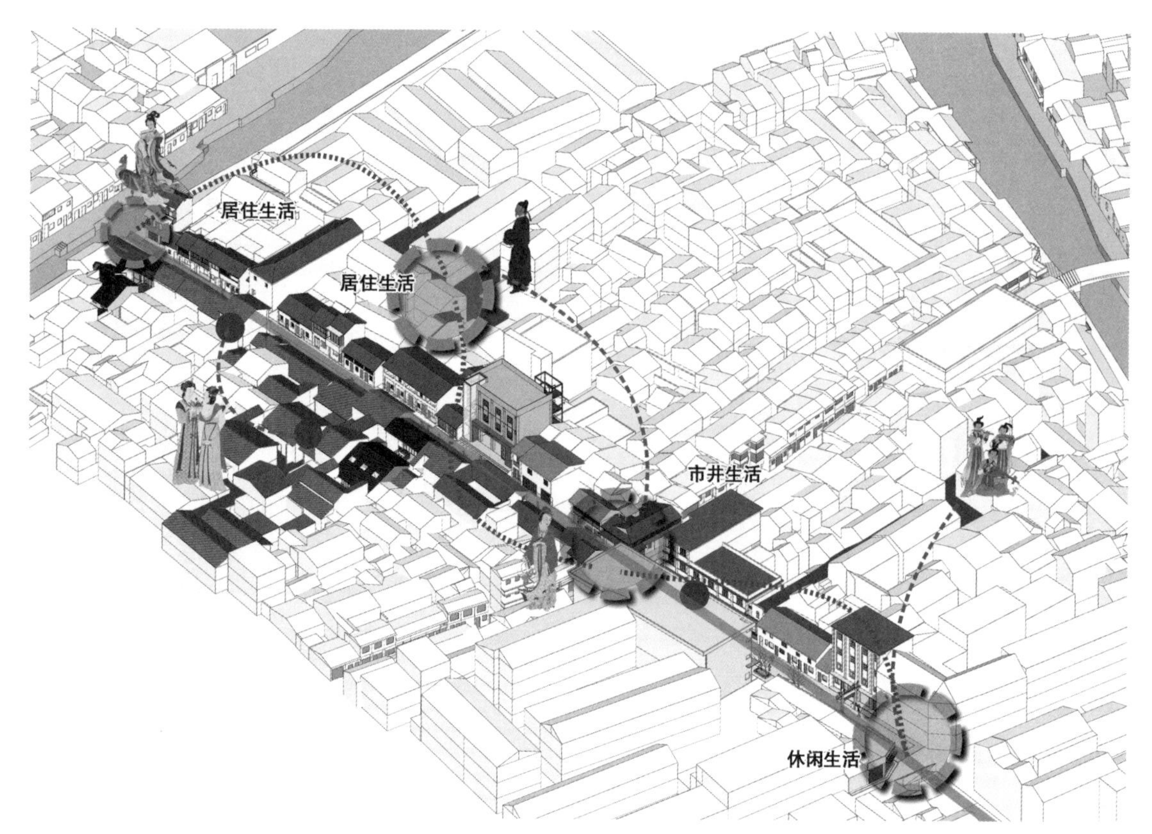
居住生活
居住生活
市井生活
休闲生活

街道规划策略

历史留白
梦醒
村民的巷道生活
文遇
游客在此体验周铁特色商业
游市
打通主街与内部文物保护建筑，让游客领略周铁传统建筑的美
拾画
现代建筑与传统建筑的过渡
入梦
历史留白
梦醒
村民的巷道生活
文遇
供销社回忆
魂游
游客在此体验周铁特色商业
游市
打通主街与内部文物保护建筑，让游客领略周铁传统建筑的美
拾画
现代建筑与传统建筑的过渡
入梦
历史留白
梦醒
村民的巷道生活
文遇
旧的售卖形式在新时代的发展
回生
商业与生活在此交汇
魂游
商业与生活在此交汇
重影
游客在此体验周铁特色商业
游市
游客与居民在此第一次相遇
闻声
打通主街与内部文物保护建筑，让游客领略周铁传统建筑的美
拾画
现代建筑与传统建筑的过渡
入梦

近中远期街道空间节点策划

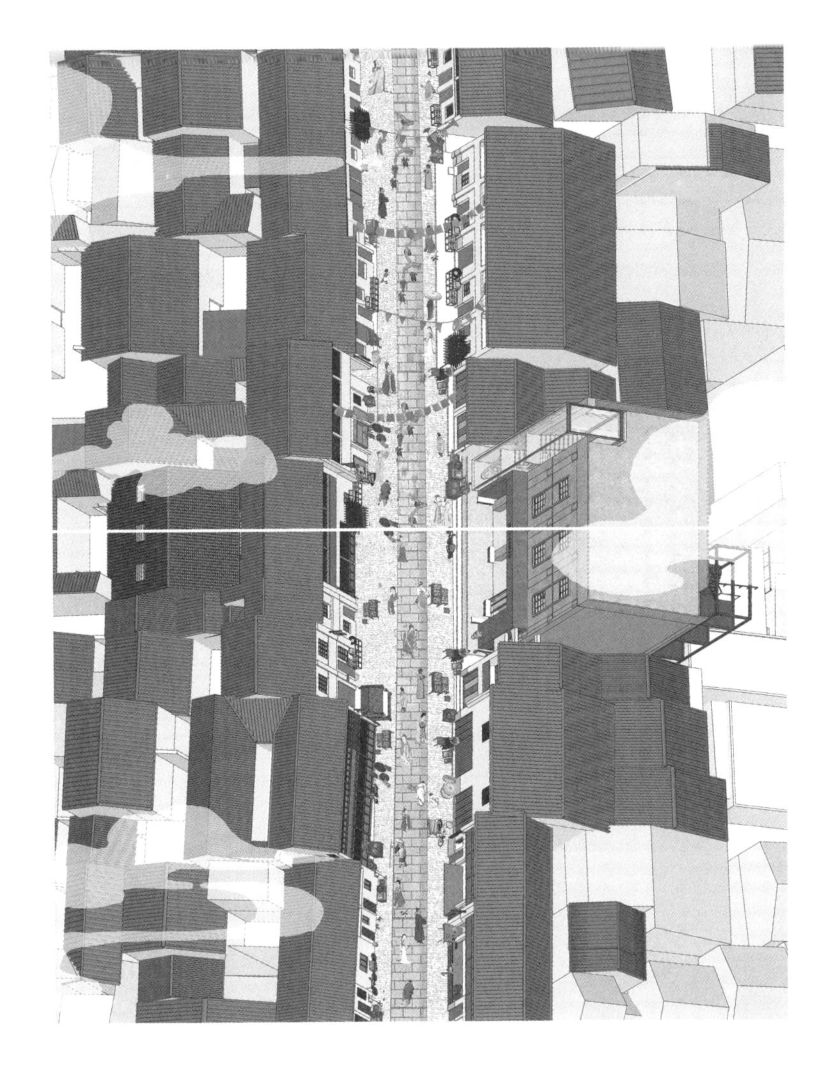

线性空间改造策略

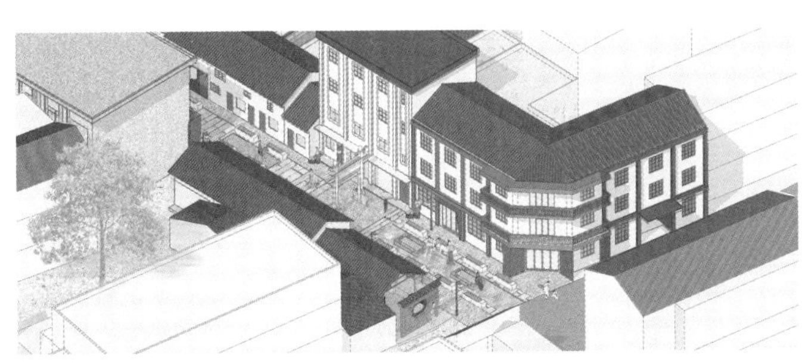

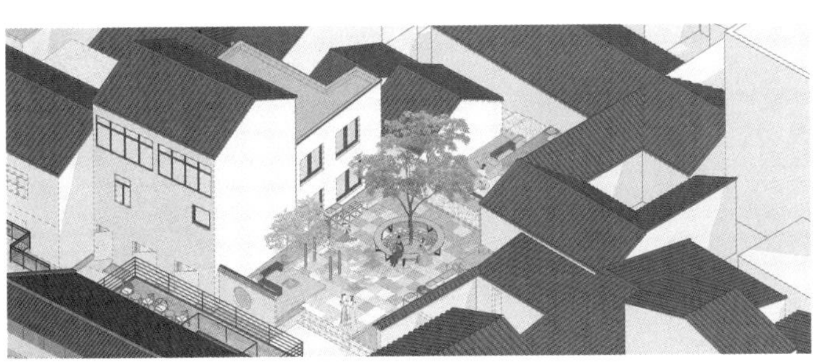

面状空间改造策略

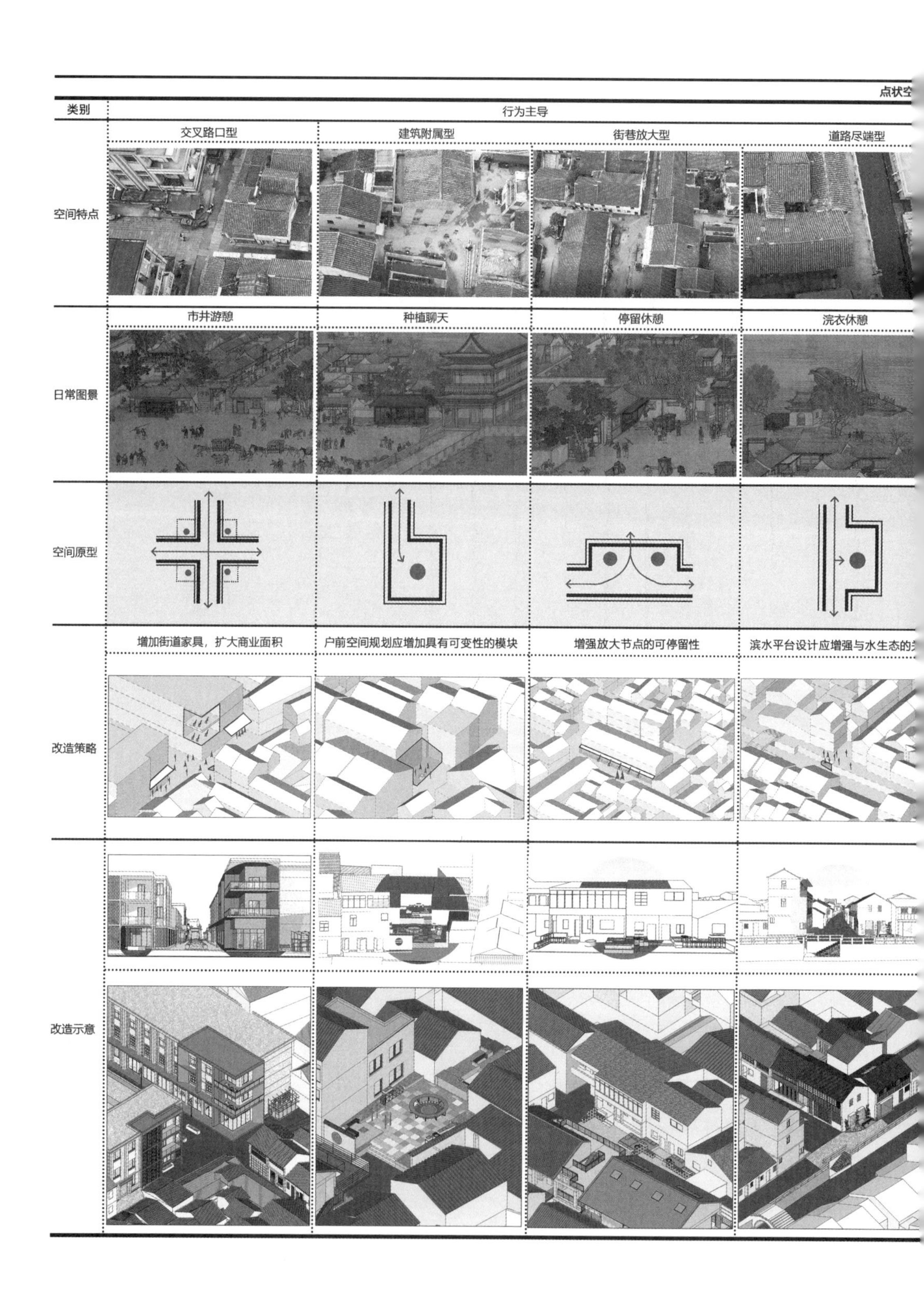
点状空
类别
行为主导
交叉路口型
建筑附属型
街巷放大型
道路尽端型
空间特点
市井游憩
种植聊天
停留休憩
浣衣休憩
日常图景
空间原型
增加街道家具，扩大商业面积
户前空间规划应增加具有可变性的模块
增强放大节点的可停留性
滨水平台设计应增强与水生态的
改造策略
改造示意

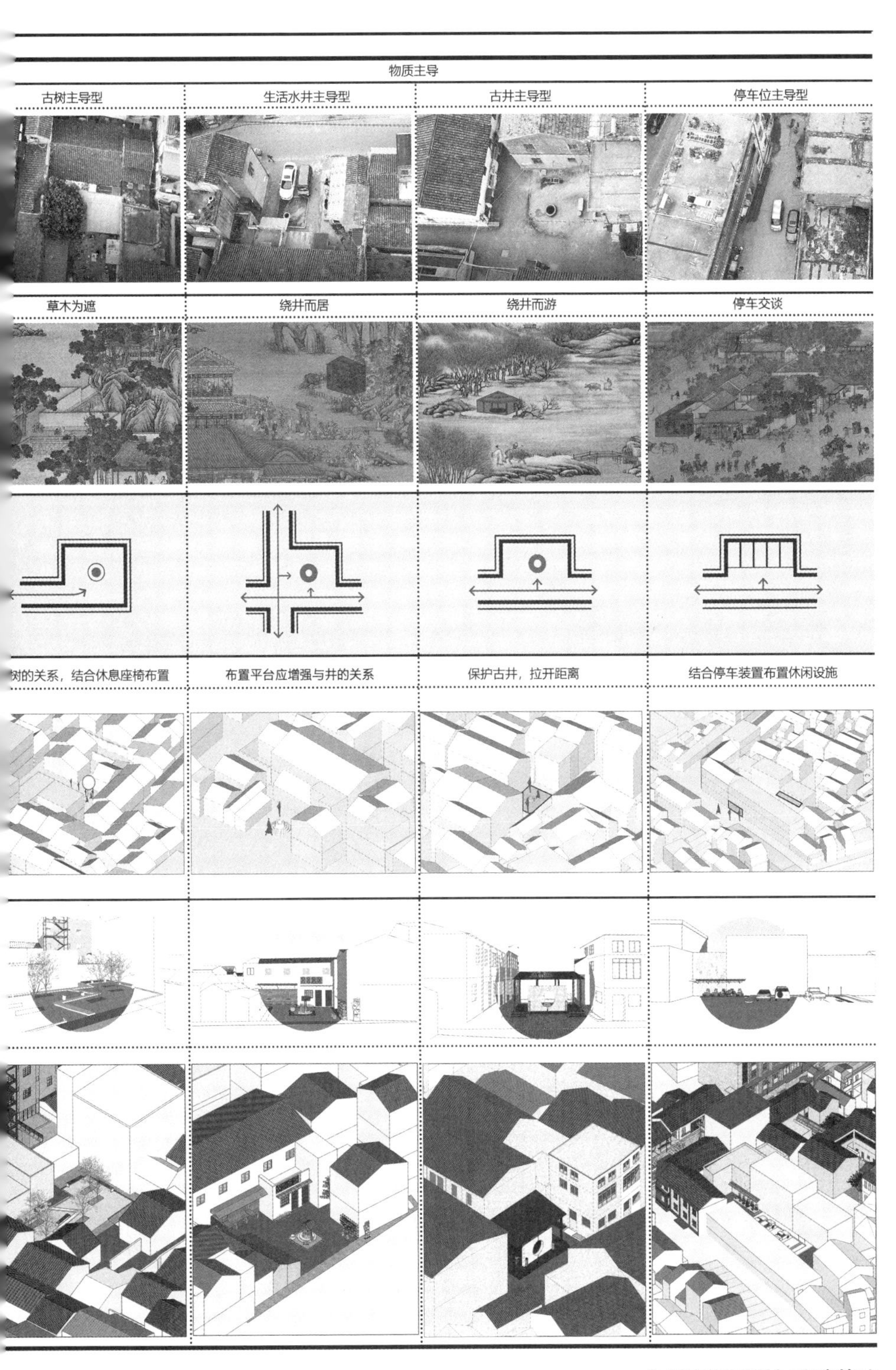
物质主导
古树主导型
生活水井主导型
古井主导型
停车位主导型
草木为遮
绕井而居
绕井而游
停车交谈
树的关系，结合休息座椅布置
布置平台应增强与井的关系
保护古井，拉开距离
结合停车装置布置休闲设施

点状空间原型与改造策略

3.2 周铁传统村东西街

3.2.1 民俗再生

据史料记载，周铁小街跨河向西发展成十字街格局，形成繁华的商业街；现今街巷仍留存着大量的历史记忆。《周铁镇志》上记载，商业店铺主要分布在周铁桥两侧的老街和小街。

尺头节点
西街节点
十字街节点
东街节点

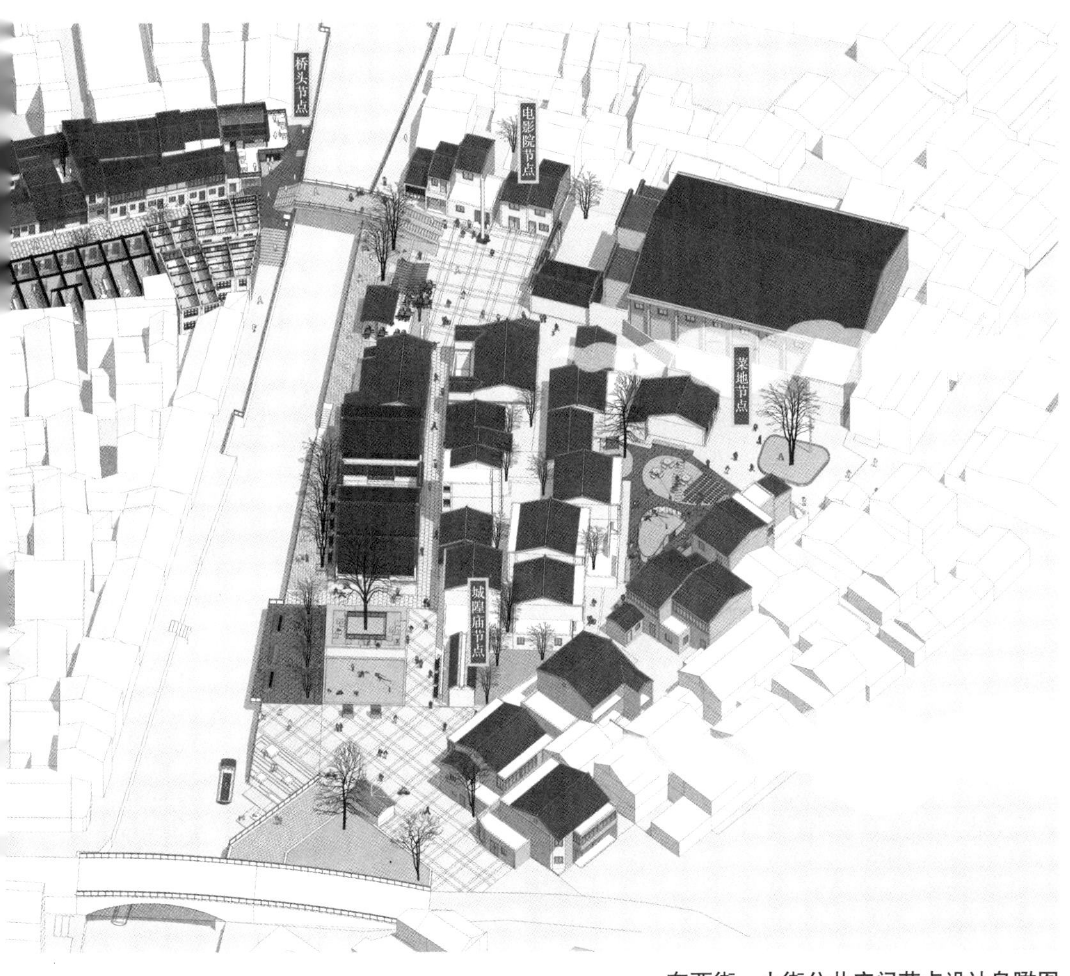
桥头节点
电影院节点
菜地节点
城隍庙节点

东西街—小街公共空间节点设计鸟瞰图

太湖
滨湖陆地
铁官

a.周铁之始

周朝在中江太湖口设立铁官

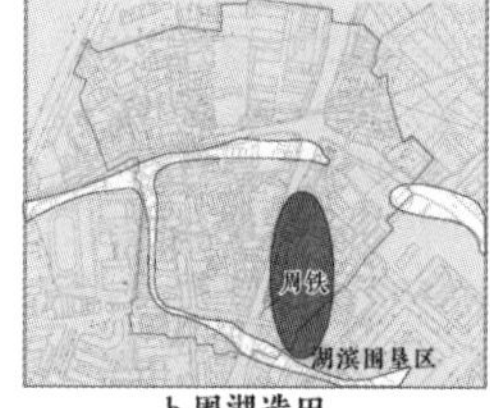
周铁
湖滨围垦区

b.围湖造田

隋唐时期太湖围湖造田，导致排水不畅

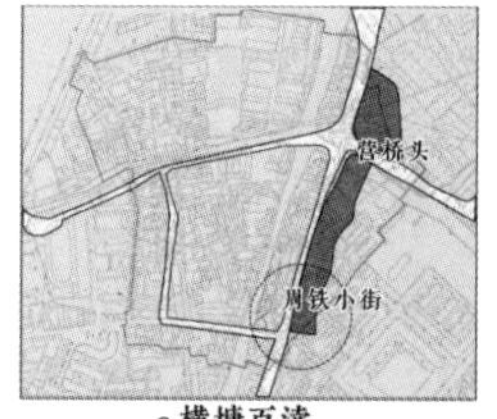
营桥头
周铁小街

c.横塘百渎

唐宋时期横塘百渎形成，将镇区固定在小街

营桥头
十字街
周铁小街

d.十字街格局

明清朝商业发达，镇区发展为十字街格局

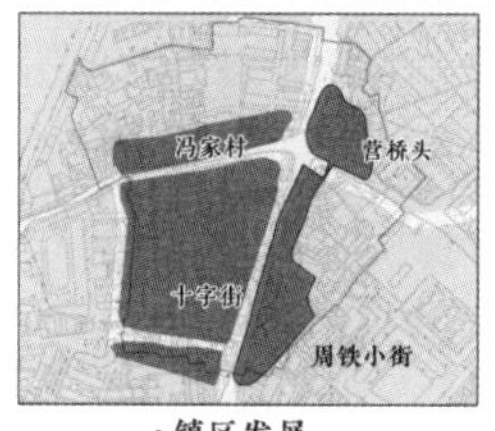
冯家村
营桥头
十字街
周铁小街

e.镇区发展

北侧发展形成冯家村，东南侧空间亦得到发展

冯家村
营桥头
十字街
周铁小街

f.新镇域

新中国成立后填没西河、南河河道并向外拓展；20世纪90年代后形成新镇域

小街十字街格局形成过程

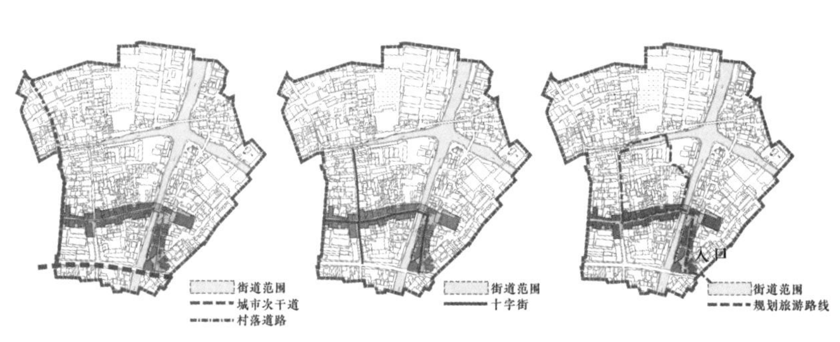
街道范围
城市次干道
村落道路
街道范围
十字街
入口
街道范围
规划旅游路线

与城市道路的关系　　与十字街的关系　　与旅游路线的关系

区位分析

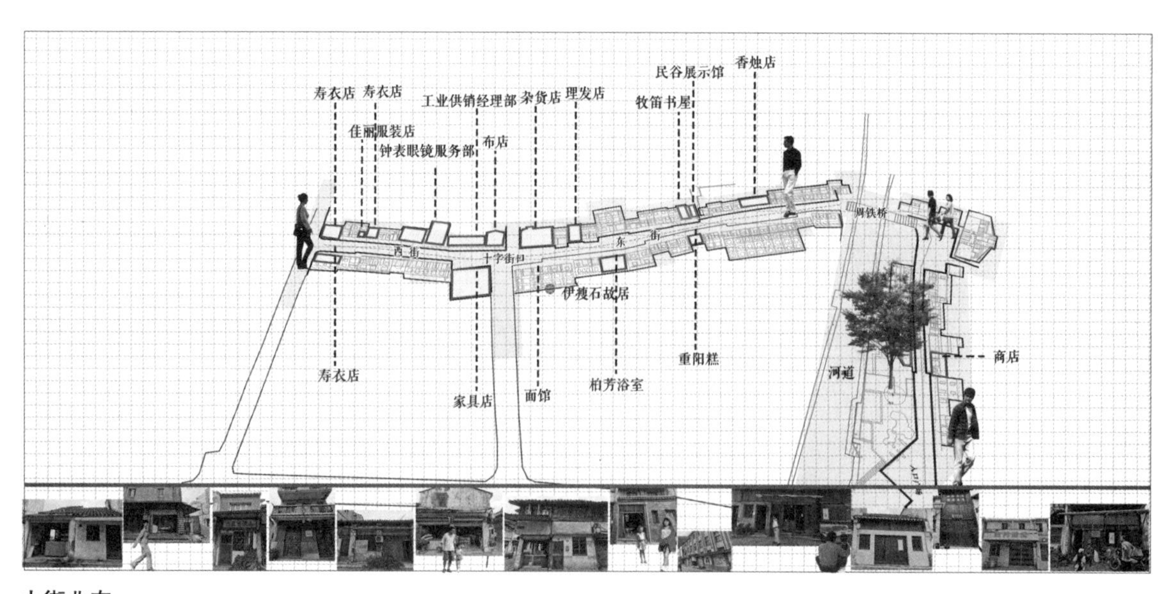
寿衣店
寿衣店
佳丽服装店
钟表眼镜服务部
工业供销经理部
布店
杂货店
理发店
牧笛书屋
民谷展示馆
香烛店
西街
十字街口
东街
周铁桥
伊搂石鼓居
寿衣店
家具店
面馆
柏芳浴室
重阳糕
河道
商店

小街业态

东西街联系着村落内外的主要交通线路，与南街、北街道共同构成十字街（核心区）格局的同时，街道位于已规划的旅游线路重点区段。

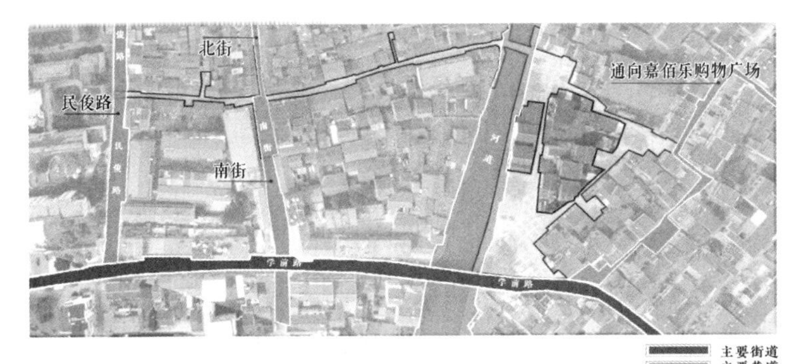
北街
民俊路
南街
通向嘉佰乐购物广场
河道
主要街道
主要巷道

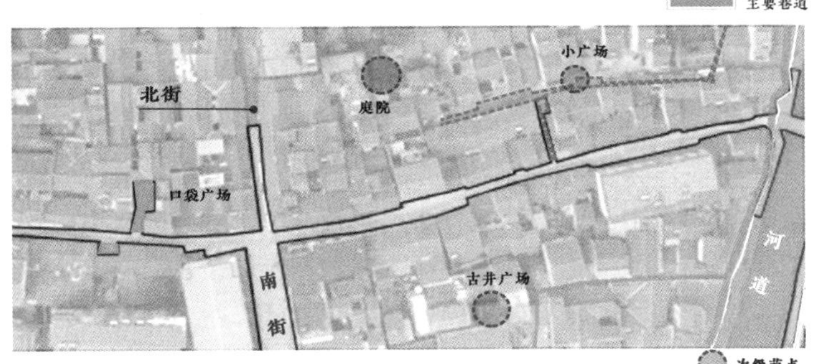
北街
庭院
小广场
口袋广场
南街
古井广场
河道
次级节点
小巷道

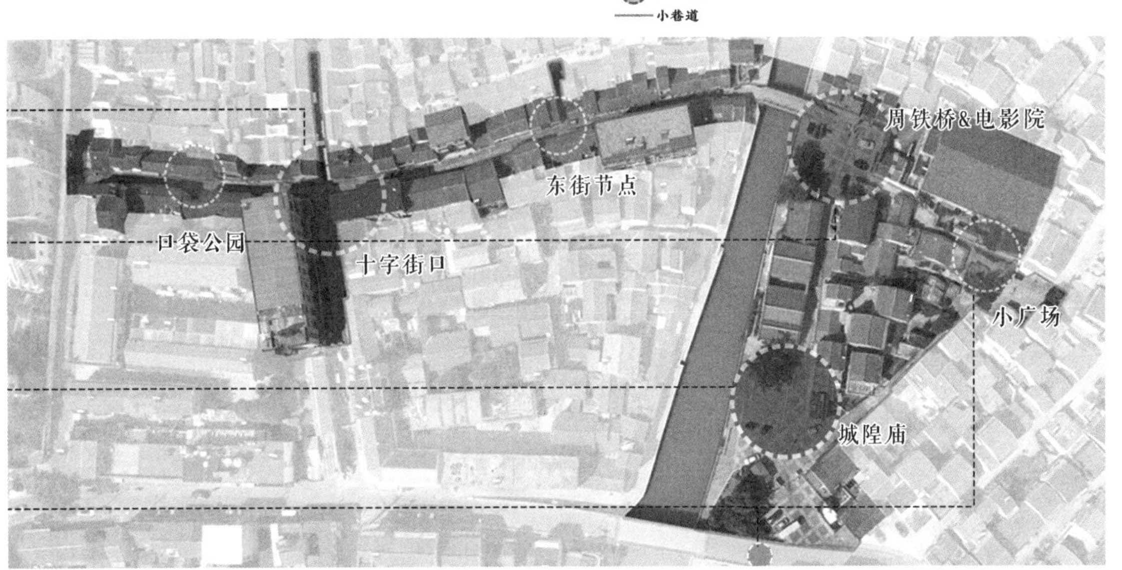
周铁桥&电影院
东街节点
口袋公园
十字街口
小广场
城隍庙

街道空间节点分析

十字街和小街区域的整体定位为两大片区、两条街道、八大节点。右图分别展现了近中远期的规划策略。

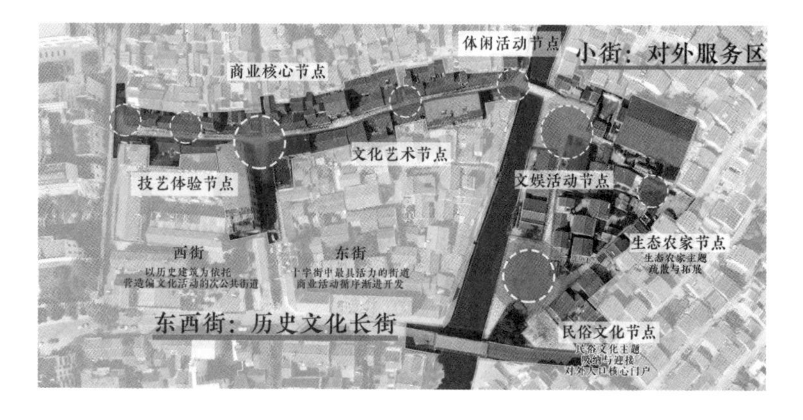
体闲活动节点
小街：对外服务区
商业核心节点
文化艺术节点
技艺体验节点
文娱活动节点
生态农家节点
生态农家主题
疏散与拓展
西街
以历史建筑为依托
营造偏文化活动的次公共街道
东街
十字街中最具活力的街道
商业活动循序渐进开发
东西街：历史文化长街
民俗文化节点
民俗文化主题
吸纳与迎接
对外人口核心门户

整体定位

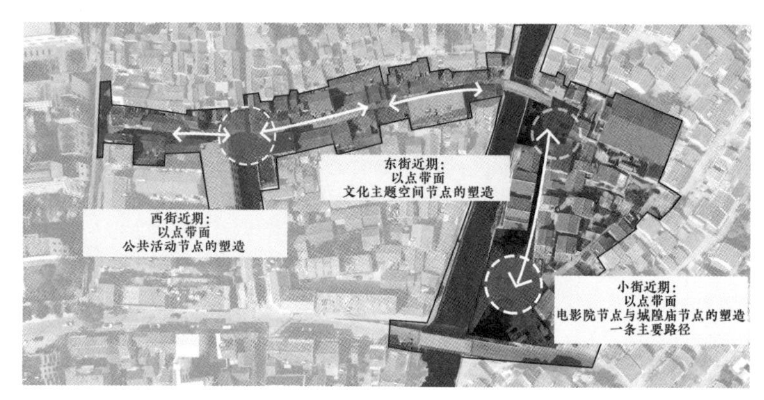
东街近期：
以点带面
文化主题空间节点的塑造
西街近期：
以点带面
公共活动节点的塑造
小街近期：
以点带面
电影院节点与城隍庙节点的塑造
一条主要路径

近期规划

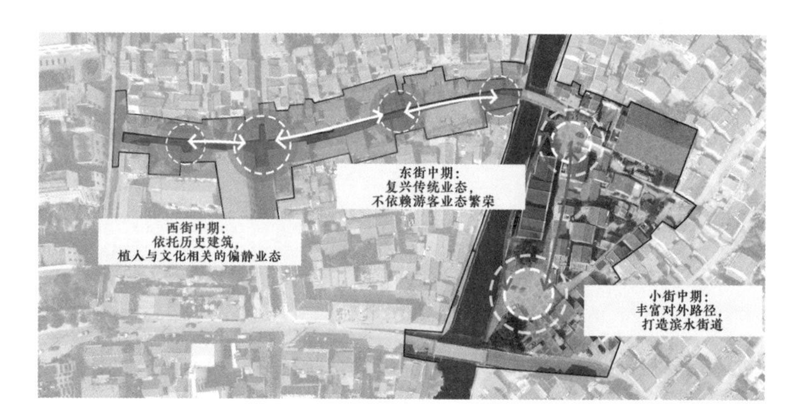
东街中期：
复兴传统业态，
不依赖游客业态繁荣
西街中期：
依托历史建筑，
植入与文化相关的偏静业态
小街中期：
丰富对外路径，
打造滨水街道

中期规划

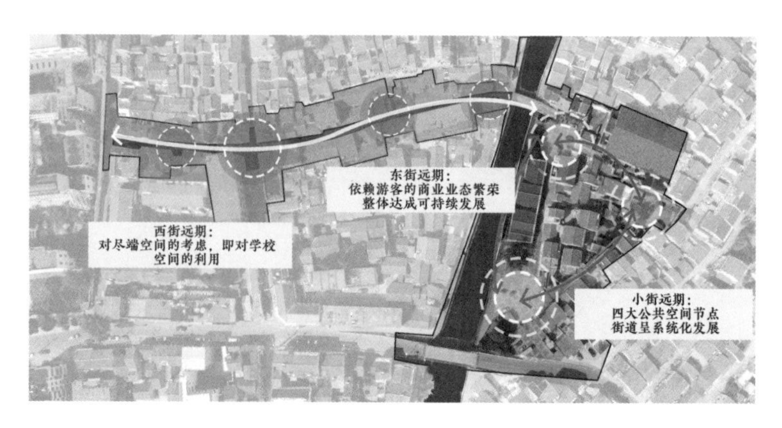
东街远期：
依赖游客的商业业态繁荣
整体达成可持续发展
西街远期：
对尽端空间的考虑，即对学校
空间的利用
小街远期：
四大公共空间节点
街道呈系统化发展

远期规划

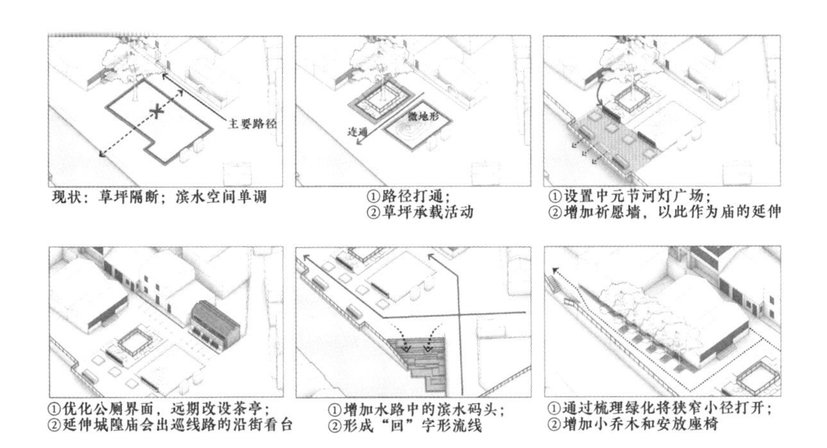
主要路径
连通
微地形
现状：草坪隔断；滨水空间单调
①路径打通；
②草坪承载活动
①设置中元节河灯广场；
②增加祈愿墙，以此作为庙的延伸
①优化公厕界面，远期改设茶亭；
②延伸城隍庙会出巡线路的沿街看台
①增加水路中的滨水码头；
②形成“回”字形流线
①通过梳理绿化将狭窄小径打开；
②增加小乔木和安放座椅

空间生成

城隍庙节点人视图

城隍庙节点轴测图

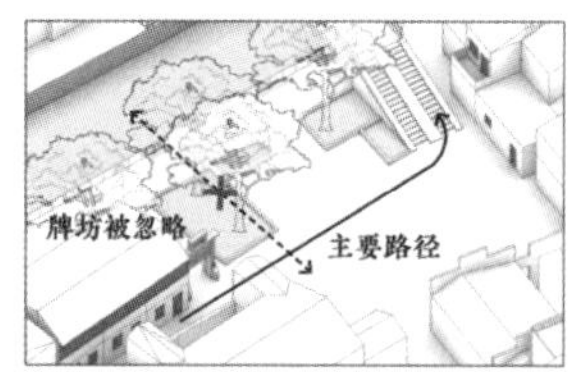
牌坊被忽略
主要路径

现状：与水、牌坊的关系消极；
核心点棋牌室的条件简陋

核心问题：建筑遗迹倒塌
借助屋顶来恢复场所记忆+滨水灰空间

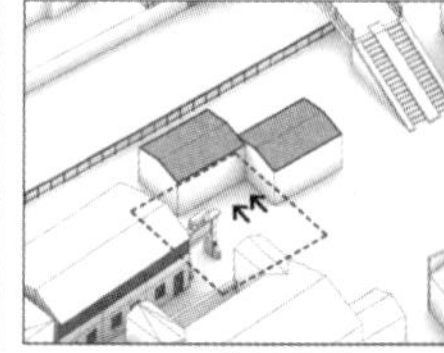

体量整理：
退让文物保护线+围绕牌坊

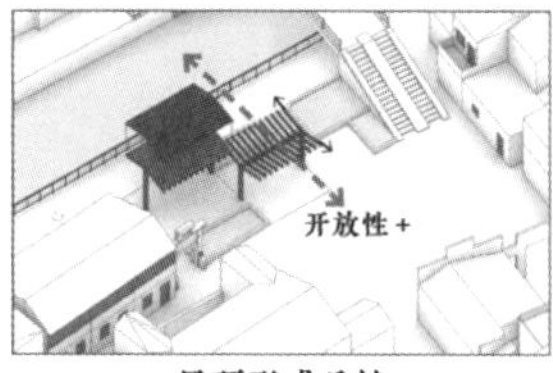
开放性+

屋顶形式反转
构件自然连接；增大开放空间

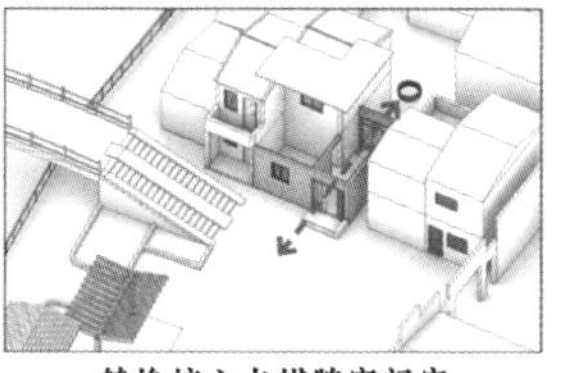

替换核心点棋牌室门窗
条件提升；通透景观性提升

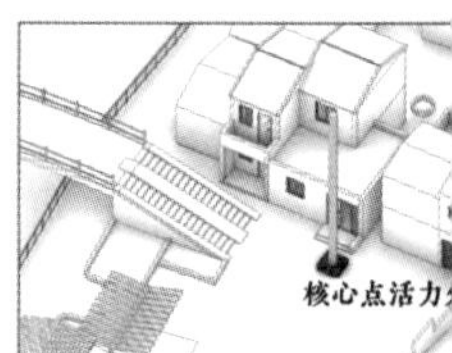
核心点活力

将电线桩优化为景观座

电影院节点人视图

城隍庙节点轴测图

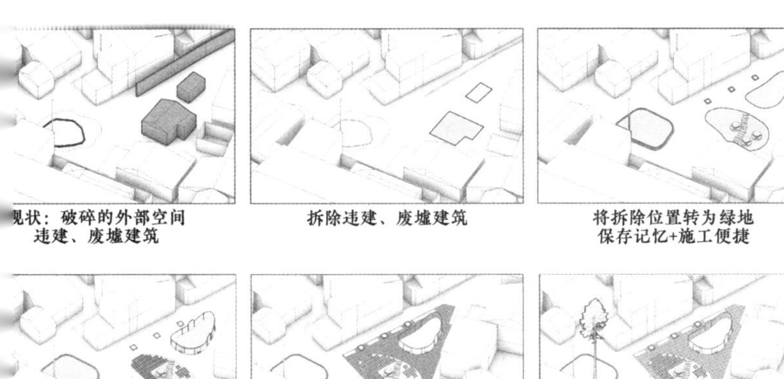
状：破碎的外部空间
违建、废墟建筑
拆除违建、废墟建筑
将拆除位置转为绿地
保存记忆+施工便捷

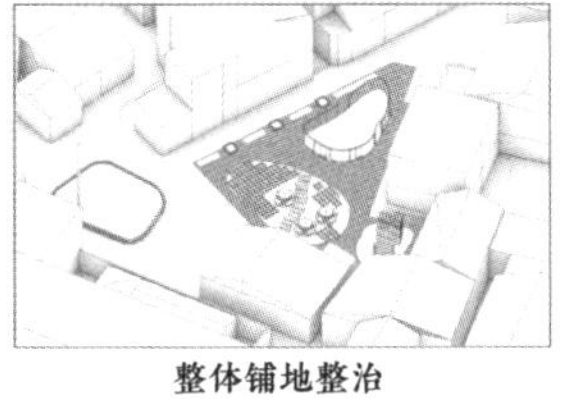
加入绿地活动主题
地、健身设施、游戏场所
整体铺地整治
置入座椅、树木
居民活动+更多的外来流线可能性

空间构思

菜地节点人视图

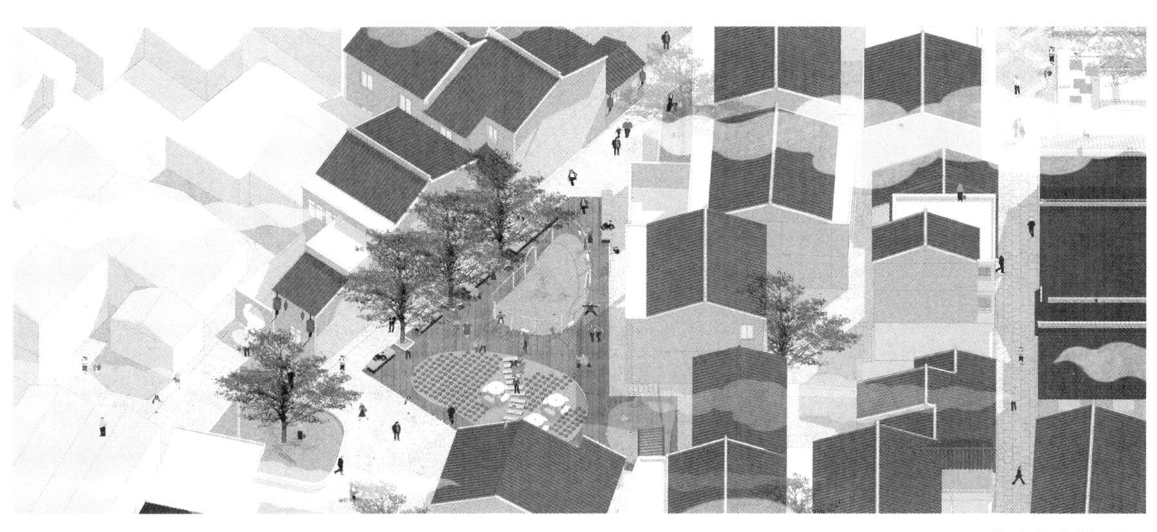

菜地节点轴测图

西街节点

以“技艺体验”为主题，改造原先荒废闲置的空地，形成口袋公园，展示传统技艺元素。周边建筑功能呼应节点主题，增加绿化与设施，吸引行人进入。

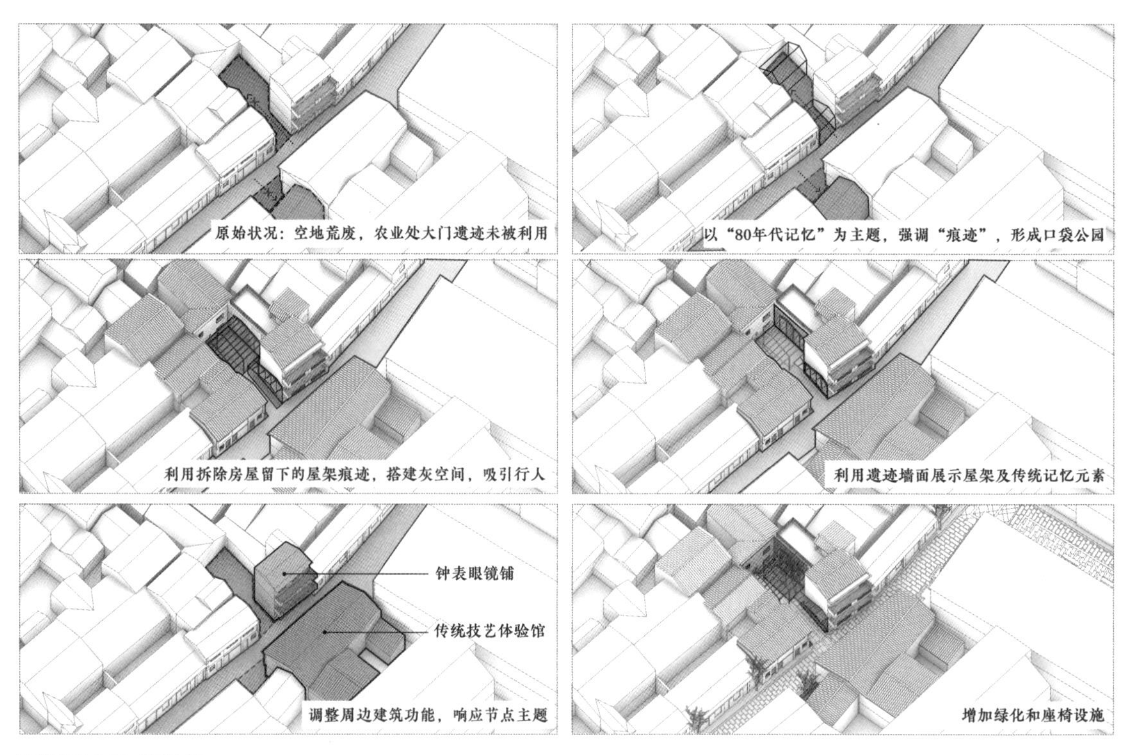

原始状况：空地荒废，农业处大门遗迹未被利用
以“80年代记忆”为主题，强调“痕迹”，形成口袋公园
利用拆除房屋留下的屋架痕迹，搭建灰空间，吸引行人
利用遗迹墙面展示屋架及传统记忆元素
钟表眼镜铺
传统技艺体验馆
调整周边建筑功能，响应节点主题
增加绿化和座椅设施

西街节点空间操作

西街节点效果图

十字街节点

以“商业核心”为主题，改造风貌较差的空置建筑，植入具有活力的商业功能，增加沿街灰空间与公共设施，引导逗留行为。

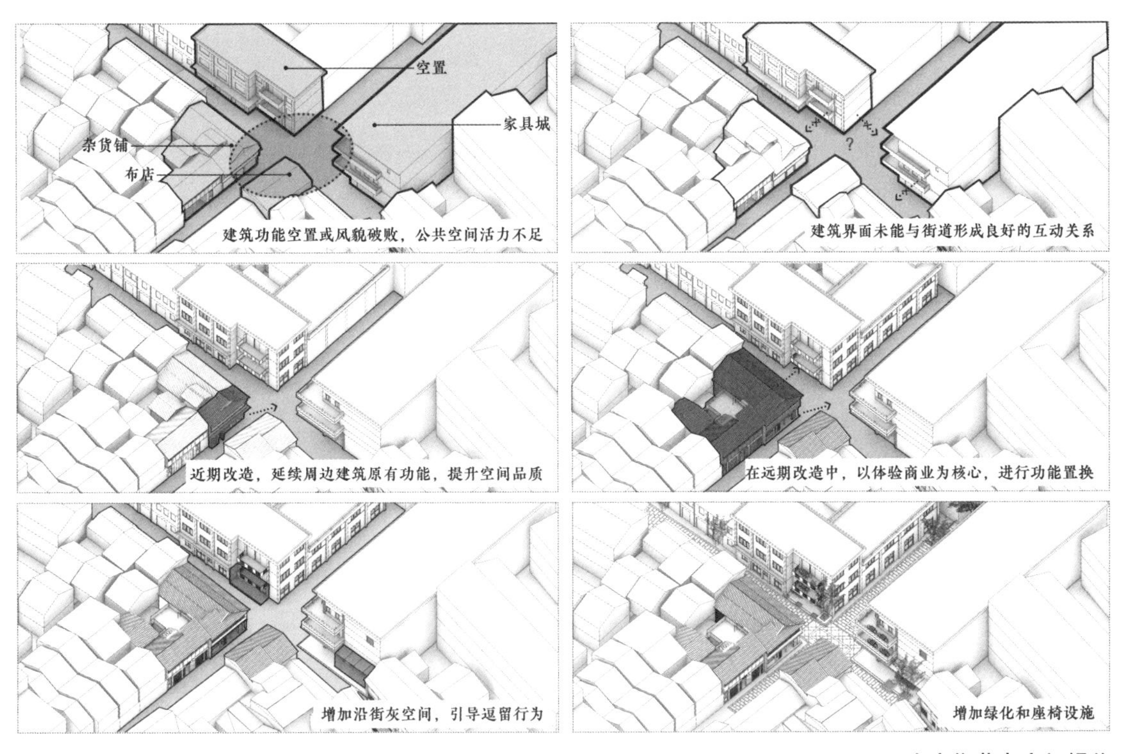
空置
家具城
杂货铺
布店
建筑功能空置或风貌破败，公共空间活力不足
建筑界面未能与街道形成良好的互动关系
近期改造，延续周边建筑原有功能，提升空间品质
在远期改造中，以体验商业为核心，进行功能置换
增加沿街灰空间，引导逗留行为
增加绿化和座椅设施

十字街节点空间操作

十字街节点效果图

东街节点

以“文化艺术”为主题，强调原有古井价值，优化周边流线，调整建筑功能，突出文化主题，形成广场节点。

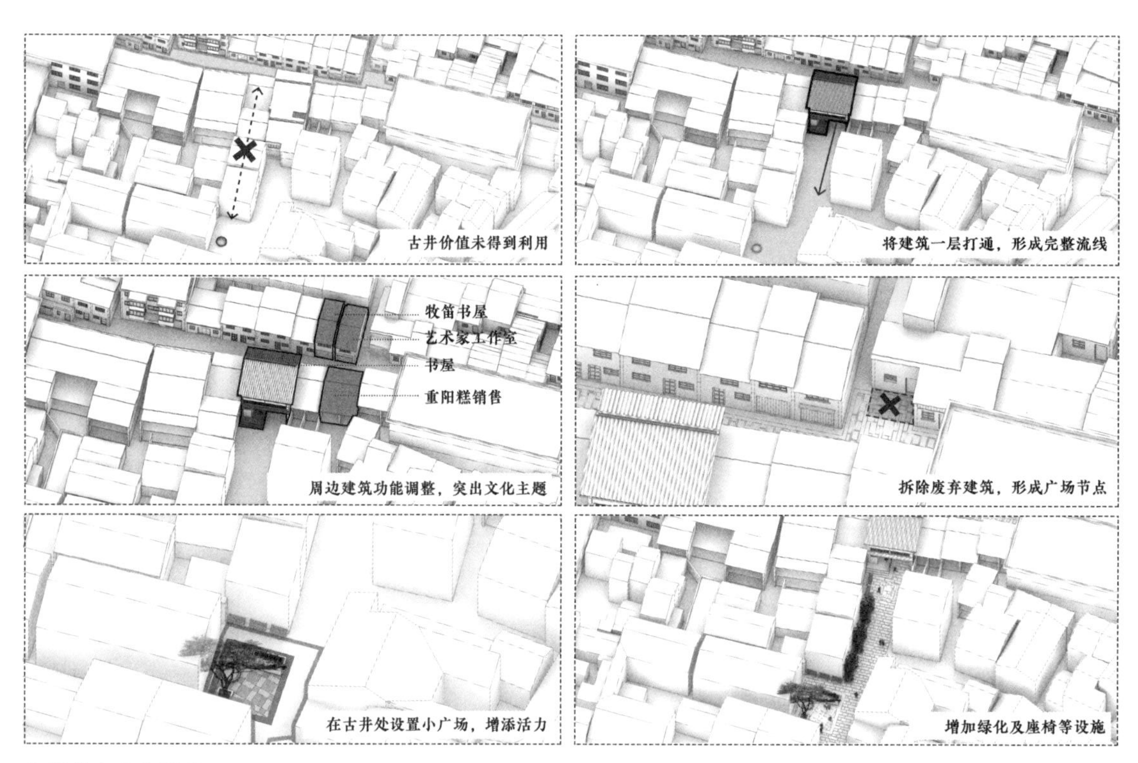
古井价值未得到利用
将建筑一层打通，形成完整流线
牧笛书屋
艺术家工作室
书屋
重阳糕销售
周边建筑功能调整，突出文化主题
拆除废弃建筑，形成广场节点
在古井处设置小广场，增添活力
增加绿化及座椅等设施

东街节点空间操作

东街节点效果图

桥头节点

以“休闲活动”为主题，扩大桥头两侧建筑平台的观景面，并向南北延伸与水面互动，于桥头新增座椅设施与绿化，吸引游客停留。

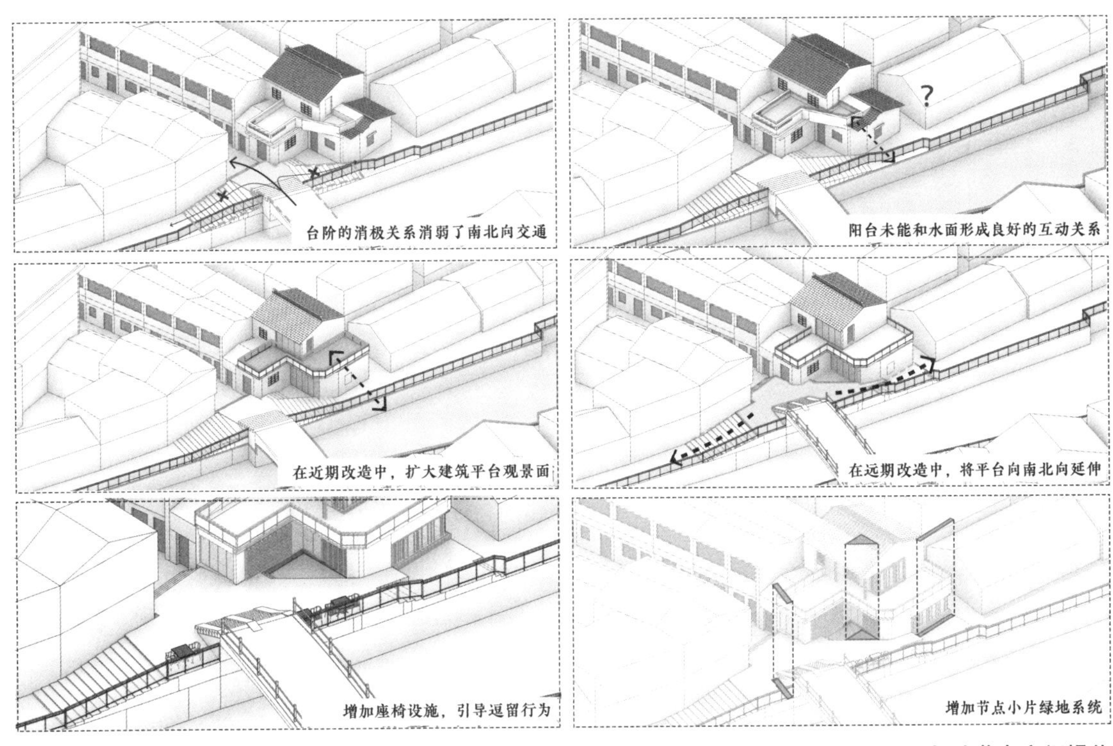

台阶的消极关系消弱了南北向交通
?
阳台未能和水面形成良好的互动关系
在近期改造中，扩大建筑平台观景面
在远期改造中，将平台向南北向延伸
增加座椅设施，引导逗留行为
增加节点小片绿地系统

桥头节点空间操作

桥头节点效果图

3.2.2 市井再荣

东西街是周铁传统村十字街的重要结构，历史上一直作为该村落的商业、公共活动核心地带。

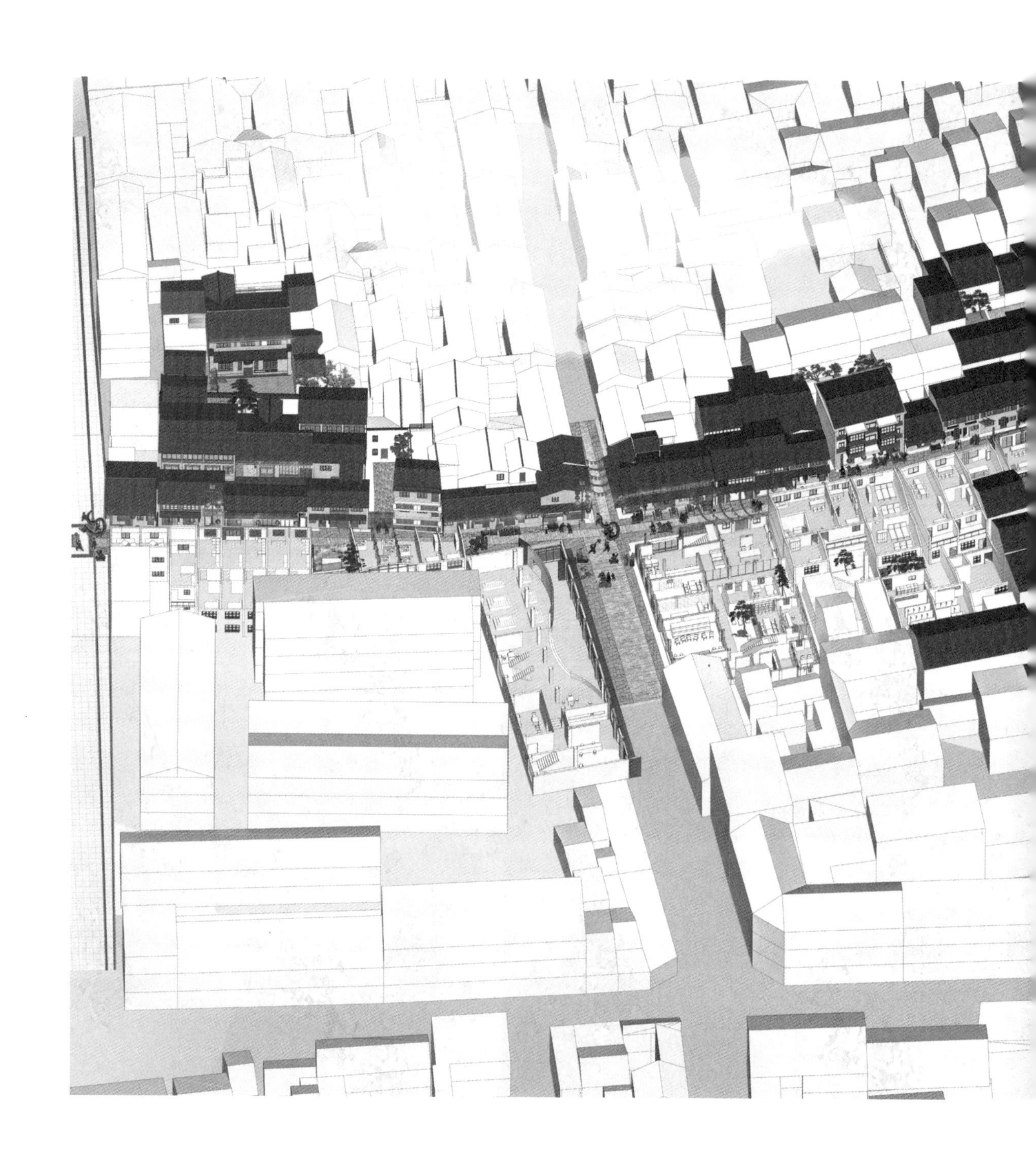

东西街—城隍庙广场规划设计鸟瞰图

首先对东西街的区位状况、街巷肌理特点、人群活动特点进行了分析，初步判定了东西街的物质空间与人群活动特色，进而通过对商业历史发展、商业体制演变、商业资源分布的调研总结，凸显出东西街的商业特点。

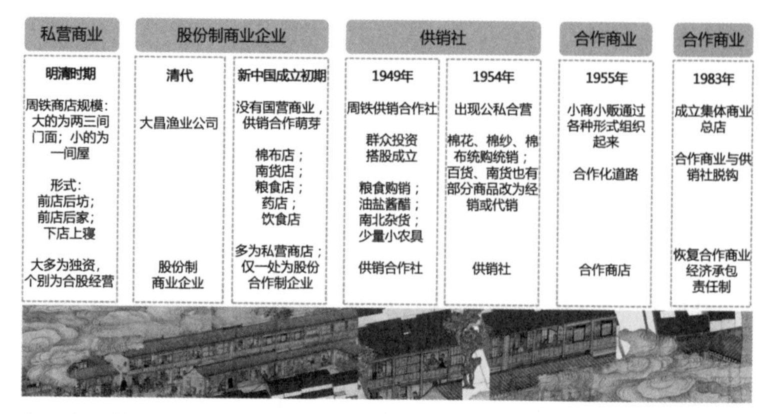

私营商业
股份制商业企业
供销社
合作商业
合作商业
明清时期
周铁商店规模：大的为两三间门面；小的为一间屋
形式：前店后坊；前店后家；下店上寝
大多为独资，个别为合股经营
清代
大昌渔业公司
股份制商业企业
新中国成立初期
没有国营商业，供销合作萌芽
棉布店；南货店；粮食店；药店；饮食店
多为私营商店；仅一处为股份合作制企业
1949年
周铁供销合作社
群众投资搭股成立
粮食购销；油盐酱醋；南北杂货；少量小农具
供销合作社
1954年
出现公私合营
棉花、棉纱、棉布统购统销；百货、南货也有部分商品改为经销或代销
供销社
1955年
小商小贩通过各种形式组织起来
合作化道路
合作商店
1983年
成立集体商业总店
合作商业与供销社脱钩
恢复合作商业经济承包责任制

商业发展体制演变

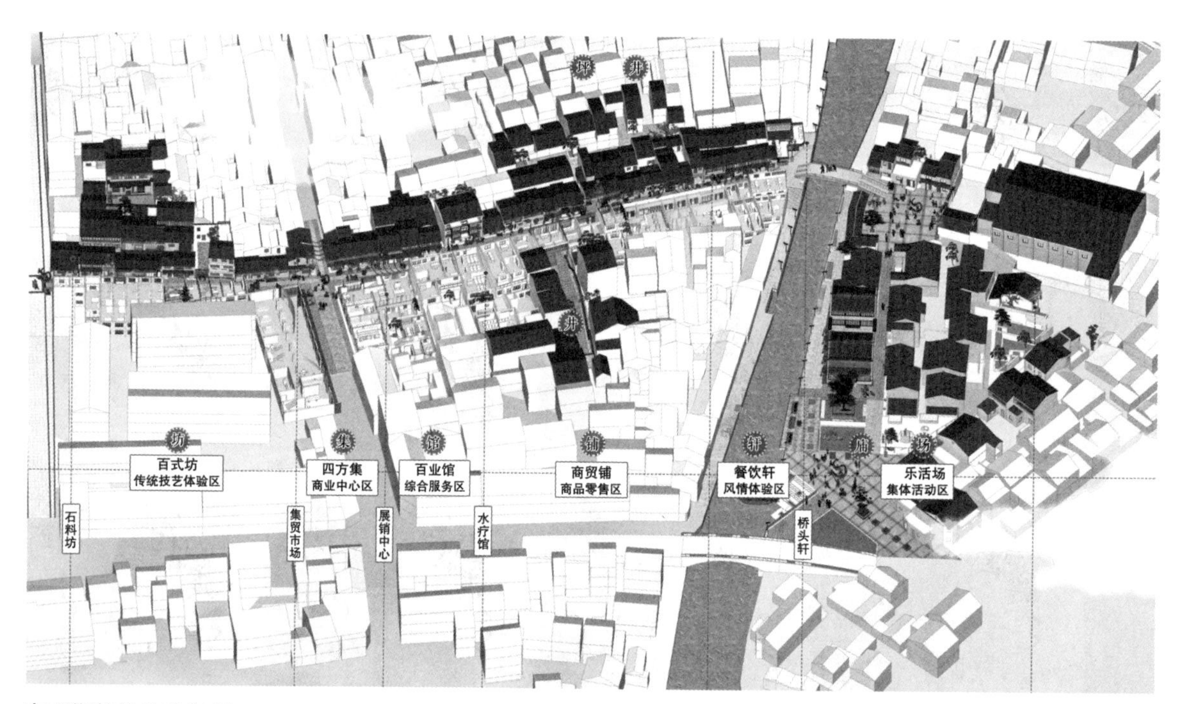

坊
集
馆
铺
轩
场
百式坊
传统技艺体验区
四方集
商业中心区
百业馆
综合服务区
商贸铺
商品零售区
餐饮轩
风情体验区
乐活场
集体活动区
石料坊
集贸市场
展销中心
水疗馆
桥头轩

东西街整体改造规划

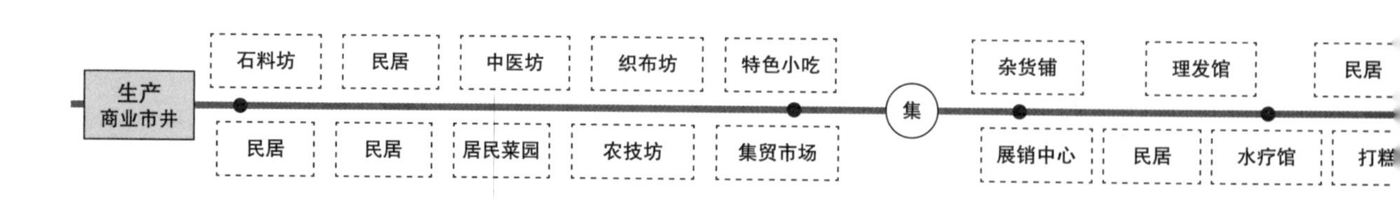

生产
商业市井
石料坊
民居
中医坊
织布坊
特色小吃
民居
民居
居民菜园
农技坊
集贸市场
集
杂货铺
理发馆
民居
展销中心
民居
水疗馆
打糕

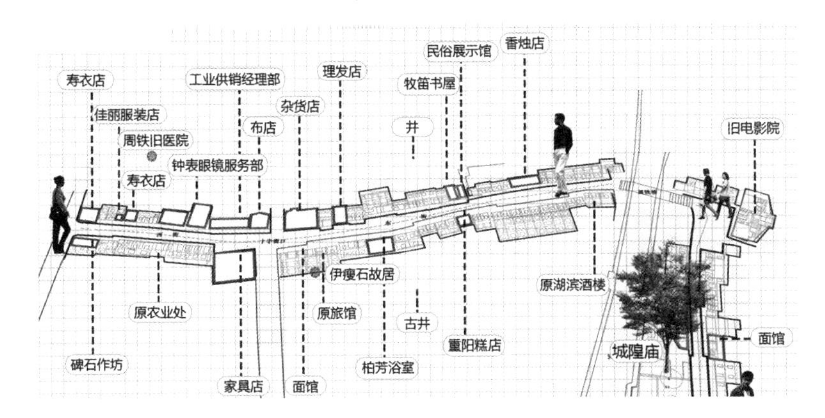

寿衣店
佳丽服装店
周铁旧医院
寿衣店
钟表眼镜服务部
工业供销经理部
布店
杂货店
理发店
井
牧笛书屋
民俗展示馆
香烛店
旧电影院
原农业处
碑石作坊
家具店
面馆
伊瘦石故居
原旅馆
柏芳浴室
古井
重阳糕店
原湖滨酒楼
城隍庙
面馆

商业资源分布

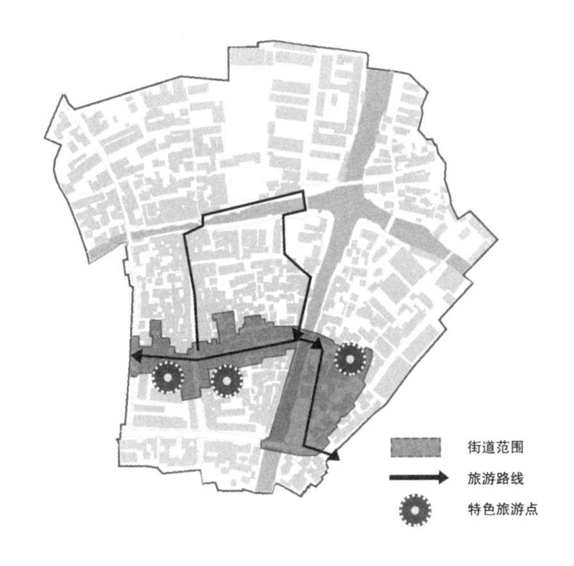

街道范围
旅游路线
特色旅游点

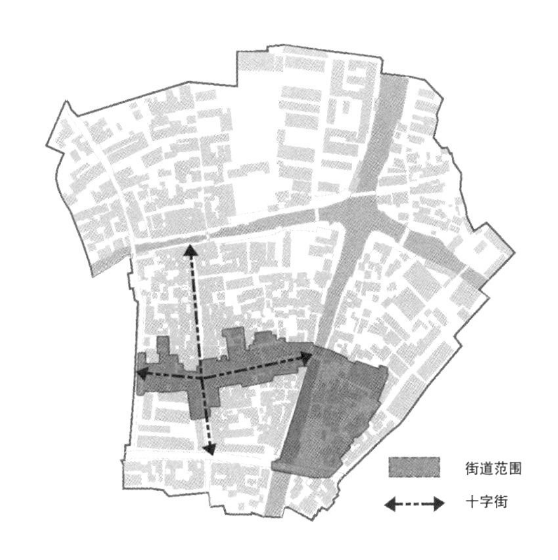

街道范围
十字街

区位分析

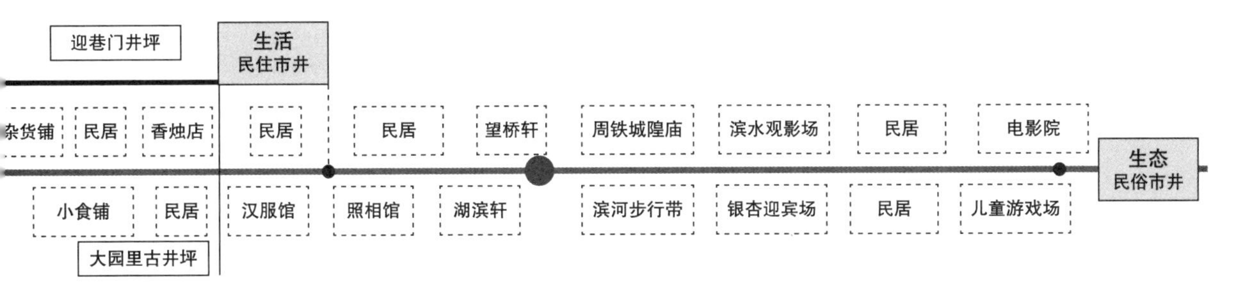

迎巷门井坪
生活
民住市井
杂货铺
民居
香烛店
民居
民居
望桥轩
周铁城隍庙
滨水观影场
民居
电影院
生态
民俗市井
小食铺
民居
汉服馆
照相馆
湖滨轩
滨河步行带
银杏迎宾场
民居
儿童游戏场
大园里古井坪

东西街整体改造规划结构图

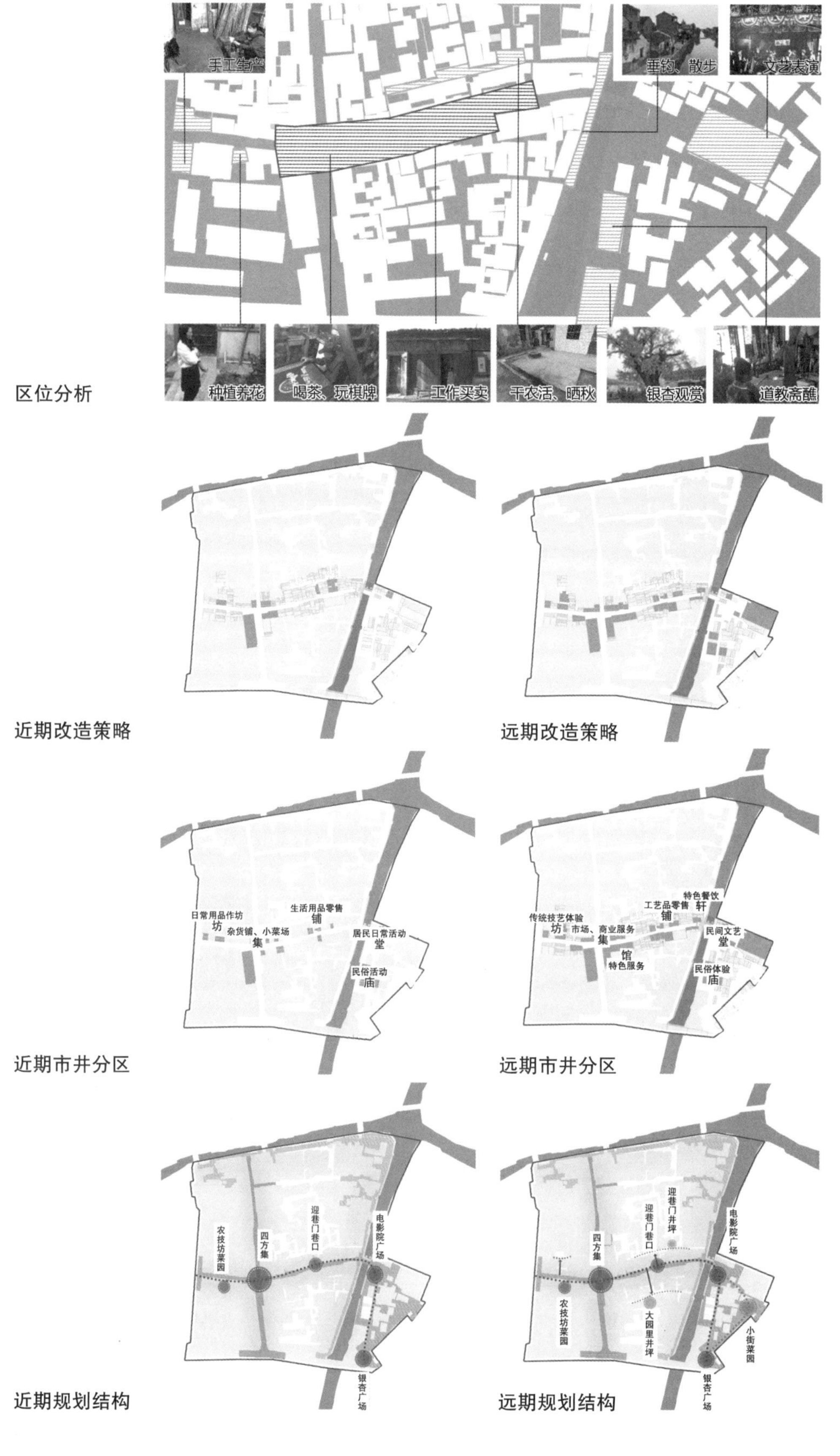

手工生产
垂钓、散步
文艺表演
种植养花
喝茶、玩棋牌
工作买卖
干农活、晒秋
银杏观赏
道教斋醮
区位分析
近期改造策略
远期改造策略
日常用品作坊
坊
杂货铺、小菜场
集
生活用品零售
铺
居民日常活动
堂
民俗活动
庙
近期市井分区
传统技艺体验
坊
市场、商业服务
集
工艺品零售
铺
特色餐饮
轩
民间文艺
堂
馆
特色服务
民俗体验
庙
远期市井分区
农技坊菜园
四方集
迎巷门巷口
电影院广场
银杏广场
近期规划结构
四方集
迎巷门巷口
迎巷门井坪
电影院广场
农技坊菜园
大园里井坪
小街菜园
银杏广场
远期规划结构

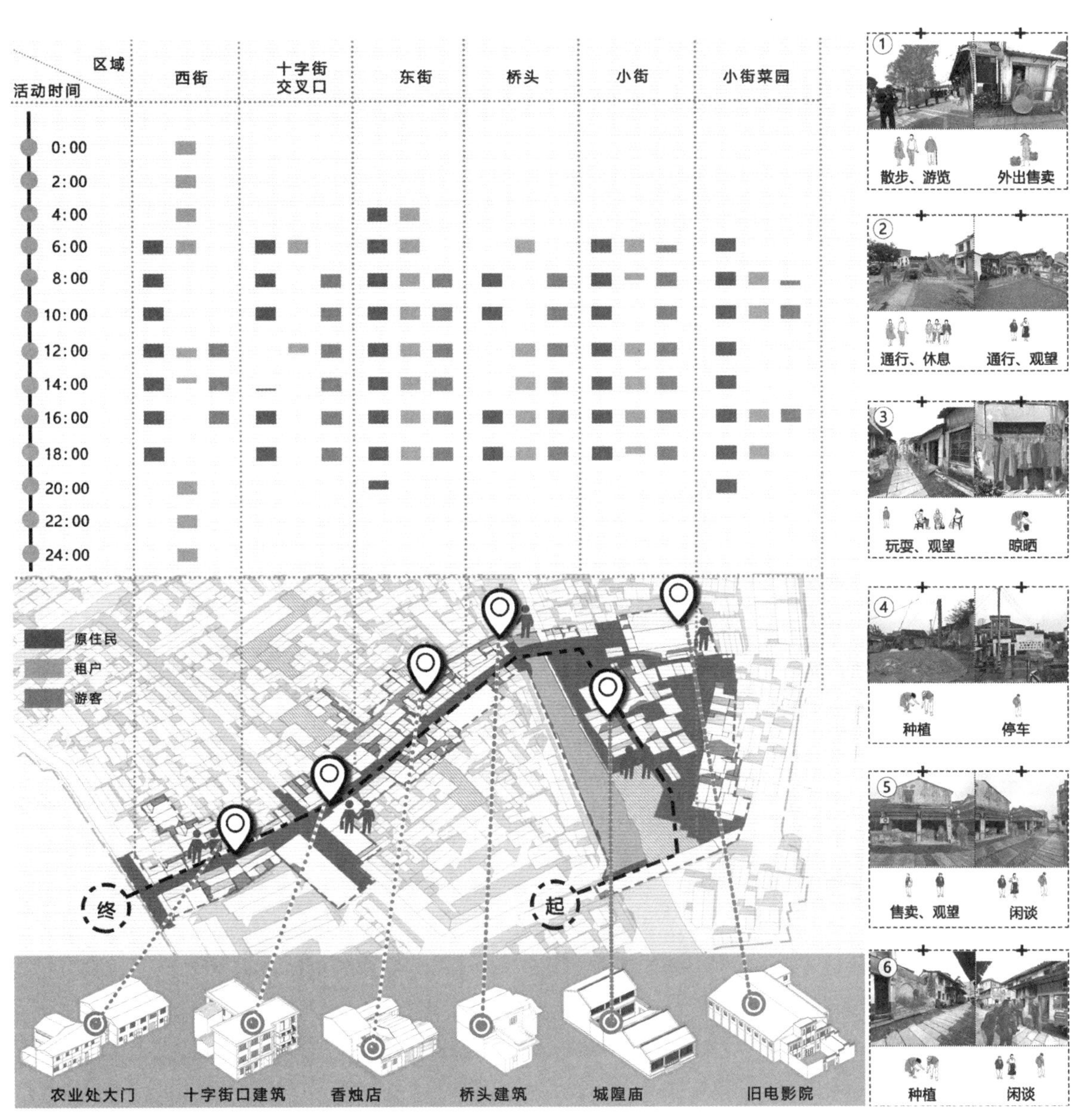
区域
活动时间
西街
十字街交叉口
东街
桥头
小街
小街菜园
0:00
2:00
4:00
6:00
8:00
10:00
12:00
14:00
16:00
18:00
20:00
22:00
24:00
原住民
租户
游客
终
起
农业处大门
十字街口建筑
香烛店
桥头建筑
城隍庙
旧电影院
散步、游览
外出售卖
通行、休息
通行、观望
玩耍、观望
晾晒
种植
停车
售卖、观望
闲谈
种植
闲谈

人群活动分析

结合村落整体定位、周边资源等物质、文化、经济条件以及历史资源等，对东西街提出分期改造策略，达到以点带线、以线串面、逐渐活化的过程。结合规划结构，对东西街未来发展后的市井风貌做出畅想。

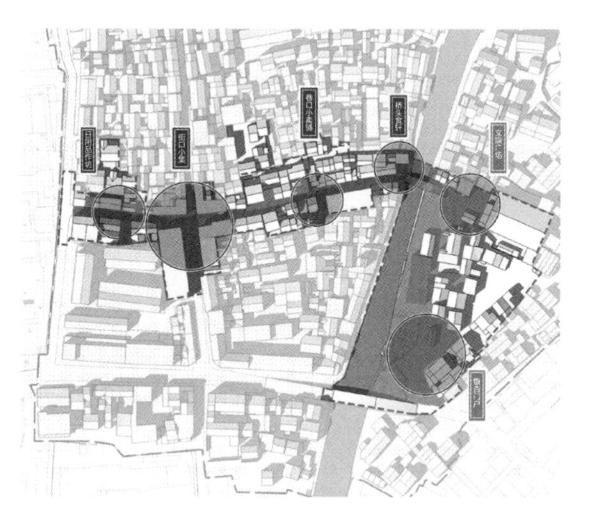

日用品作坊
桥头食轩

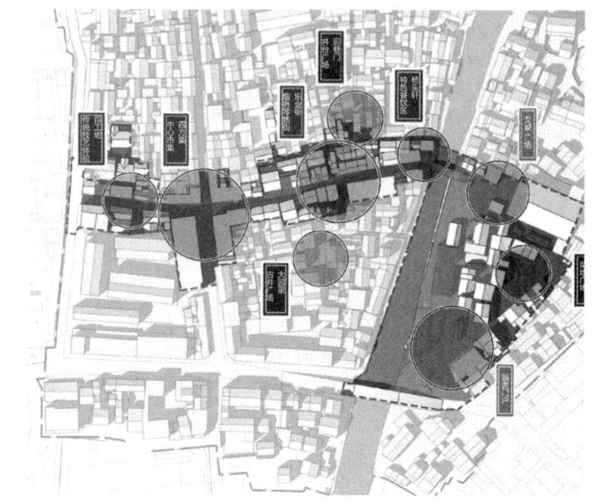

百工坊
传统技艺体验
四方集
中心市集
乐业街
服务零售街
迎巷门
井台广场
桥头轩
特色餐饮区
大园里
古井广场

功能置换的建筑　已经活化的建筑　商业市井　居住市井　民俗市井

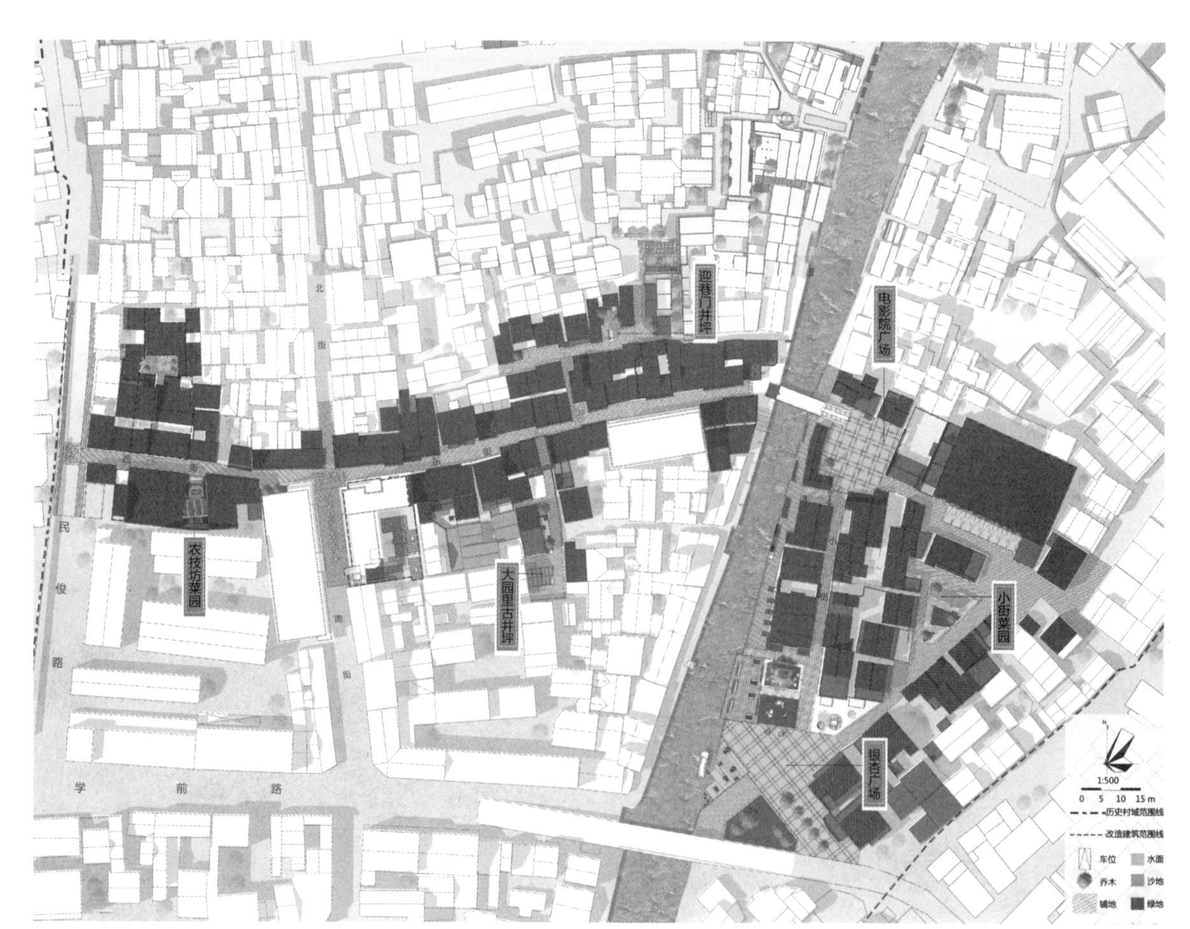

迎巷门井坪
电影院广场
农技坊菜园
大园里古井坪
小街菜园
银杏广场
民俊路
学前路
北街
南街
1:500
0 5 10 15 m
历史村域范围线
改造建筑范围线
车位
水面
乔木
沙地
铺地
绿地

东西街改造后总平面图

通过对东西街的整体规划与更新，以期最终实现历史技艺与现代生活相适应、相结合的场景。

杂货铺

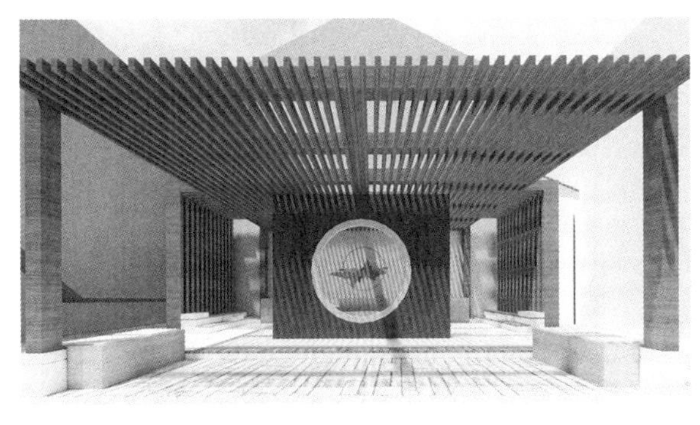

菜园

东西街改造后小场景透视图

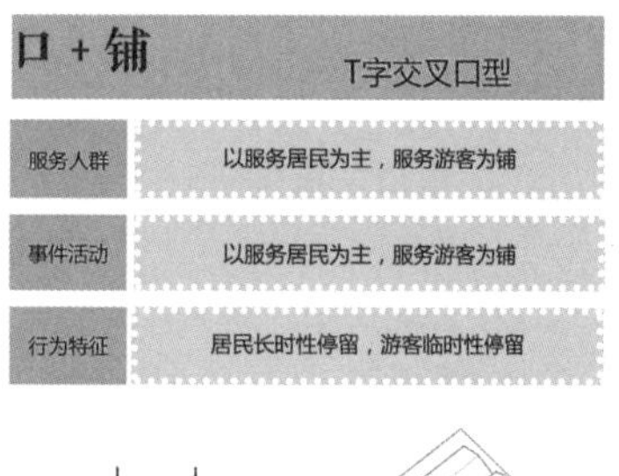
口+铺
T字交叉口型
服务人群
以服务居民为主，服务游客为铺
事件活动
以服务居民为主，服务游客为铺
行为特征
居民长时性停留，游客临时性停留

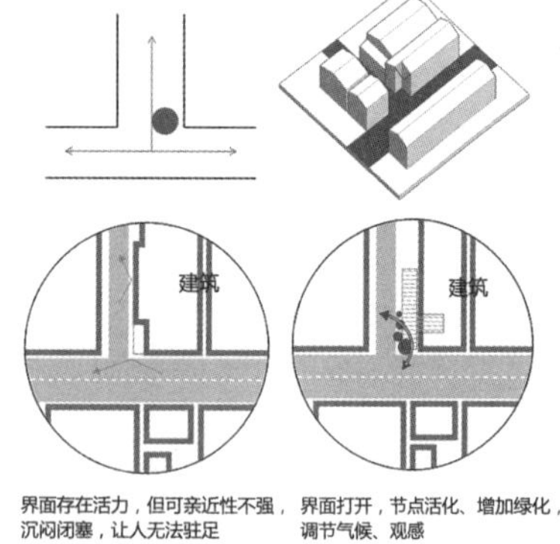
建筑
建筑

界面存在活力，但可亲近性不强，沉闷闭塞，让人无法驻足

界面打开，节点活化、增加绿化，调节气候、观感

空间效果图

1. 现状场地围合感弱，牌坊关系孤立

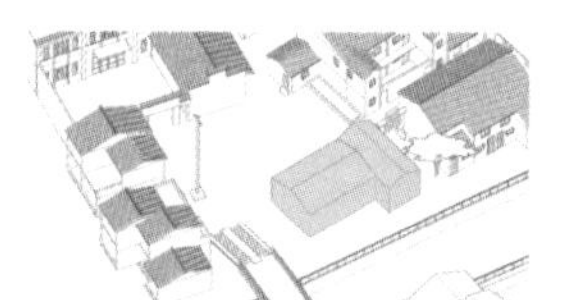

2. 原倒塌建筑为L形组合，围合感好，在牌坊外形成通道

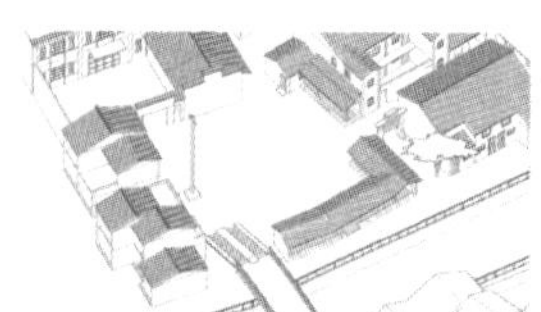

3. 借鉴原建筑布局及帆轩形式，置入开敞的帆轩，围合广场

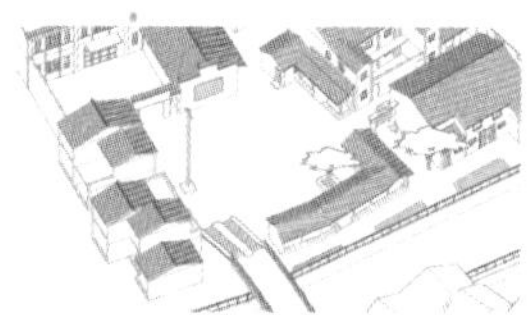

4. 利用墙面设置显示屏，营造活动场所，植入绿地，改善环境

鸟瞰图 A

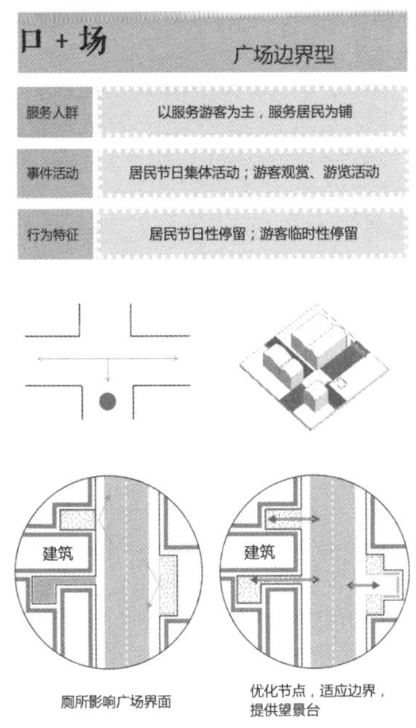
口 + 场
广场边界型
服务人群
以服务游客为主，服务居民为辅
事件活动
居民节日集体活动；游客观赏、游览活动
行为特征
居民节日性停留；游客临时性停留
建筑
建筑
厕所影响广场界面
优化节点，适应边界，提供望景台

空间节点鸟瞰图

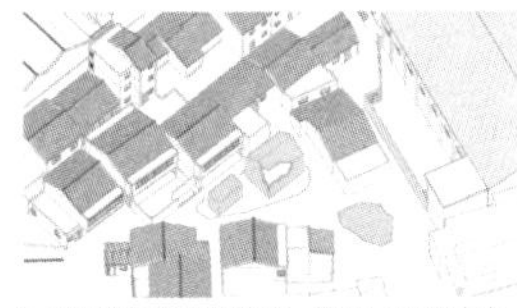

1. 原场地多为废弃建筑、荒地，场地破碎

2. 拆除废弃建筑、荒地、围墙

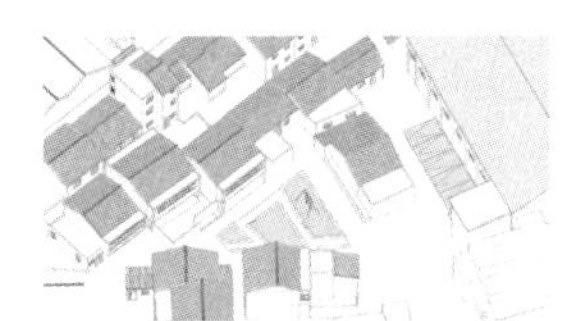

3. 植入菜园和沙地，供种植和玩耍

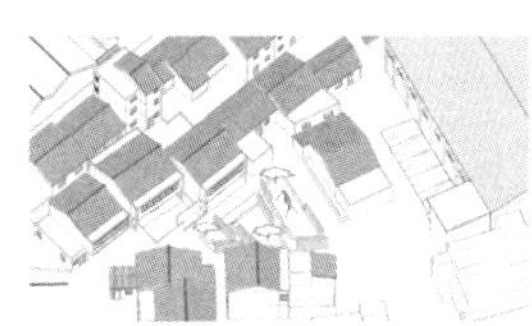

4. 加入错落墙体，通过开洞引导视线交互，营造趣味空间

鸟瞰图 B

3.3 周铁传统村沿河

3.3.1 规划设计

十字河是周铁传统村的重要起源和特色空间。由于当代居民对河道的交通、贸易、生活用水的需求逐渐消失，滨河空间已失去活力而成为功能单一的水运通道。

休闲商业

文创体验
风筝广场

北侧滨水空间鸟瞰图

通过对沿河建筑界面和室外空间进行更新设计，以点带面，选取沿河两组建筑进行改造，以重新激发沿河区域的空间活力，展现周铁特色风貌。

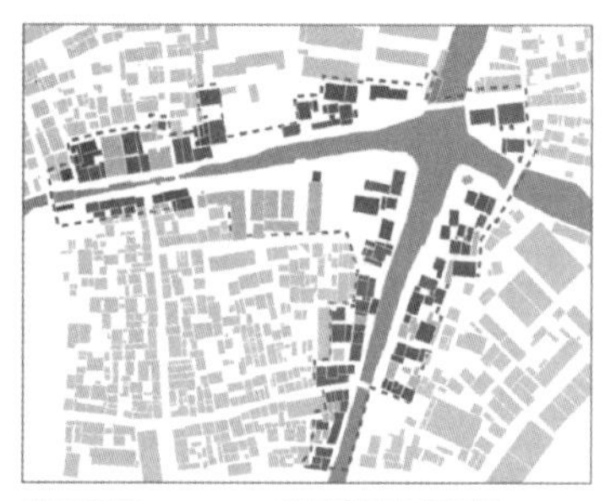

建筑年代 ● 清代至民国时期 ● 新中国成立后至1979年 ● 1980年及以后

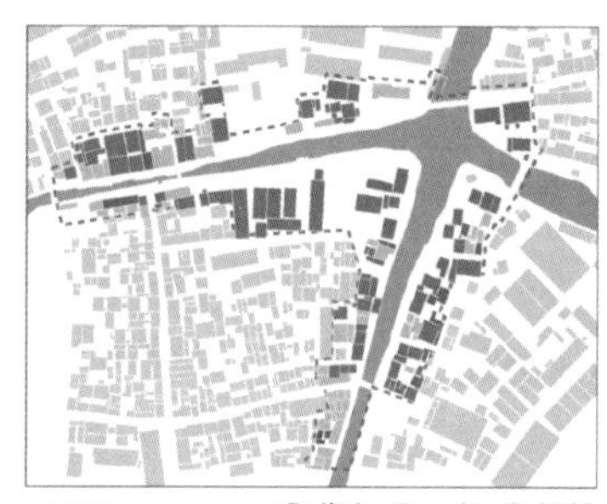

建筑质量 ● 优良 ● 一般 ● 较差

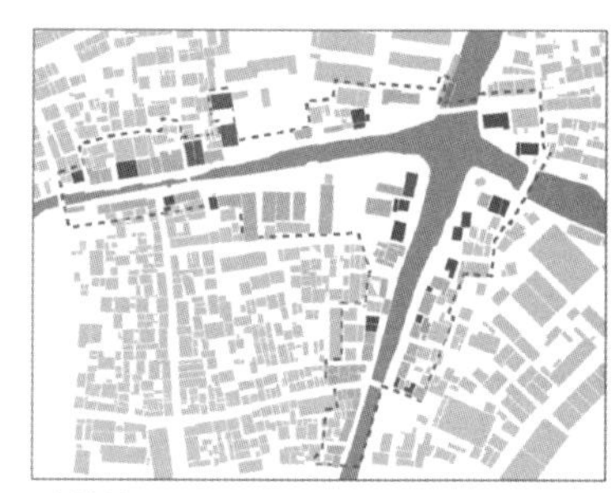

建筑利用 ● 传承 ● 保护 ● 发展

现状分析

河道沿岸建筑多为住宅，土地功能较为单一，缺乏多样性与活力，建筑与水面的呼应关系不强

滨水驳岸过于单调呆板，缺乏特色。大部分驳岸单纯考虑防洪排水功能，全部采用垂直型人工驳岸

沿河道两侧现存 2000 年后建成的建筑，影响了沿河整体建筑风貌的统一

铺地系统过度硬化，缺乏柔软亲切的绿化空间，同时重要节点处的铺装形式缺乏变化

滨水空间使用性较差，亲水服务设施缺乏，亲水活动单调，缺少亲水平台等亲水场所，滨水活动单一

滨水建筑由于环境优良、交通便捷，多出租给在周铁附近工厂务工的外来人员，他们对周铁的认同度较低

现状问题

基于前期调研和整体定位，十字河区域打造为沿河休闲和特色餐饮体验区。针对十字河的不同部位采取不同的设计策略，以居民生活、休闲商业、文化体验和滨河景观为依托，促进居民和游客的融合，展示周铁传统村的特色生活风貌。

东侧作为游客进入传统村区的主要观赏面，定位为滨河商业休闲区；南北沿区域河以竺西书院、风筝博物馆为亮点，形成面向游客的文化体验主题空间及沿河景观长廊；西侧沿河则根据其现有特征，以居民生活场景为依托，展示周铁传统村的生活风貌。

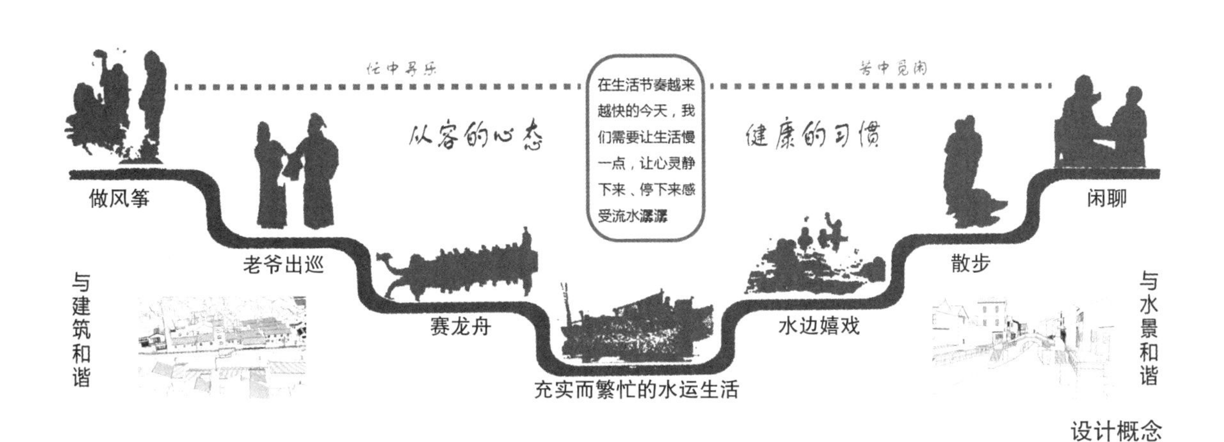
在生活节奏越来越快的今天，我们需要让生活慢一点，让心灵静下来、停下来感受流水潺潺
从容的心态
健康的习惯
做风筝
老爷出巡
赛龙舟
充实而繁忙的水运生活
水边嬉戏
散步
闲聊
与建筑和谐
与水景和谐

设计概念

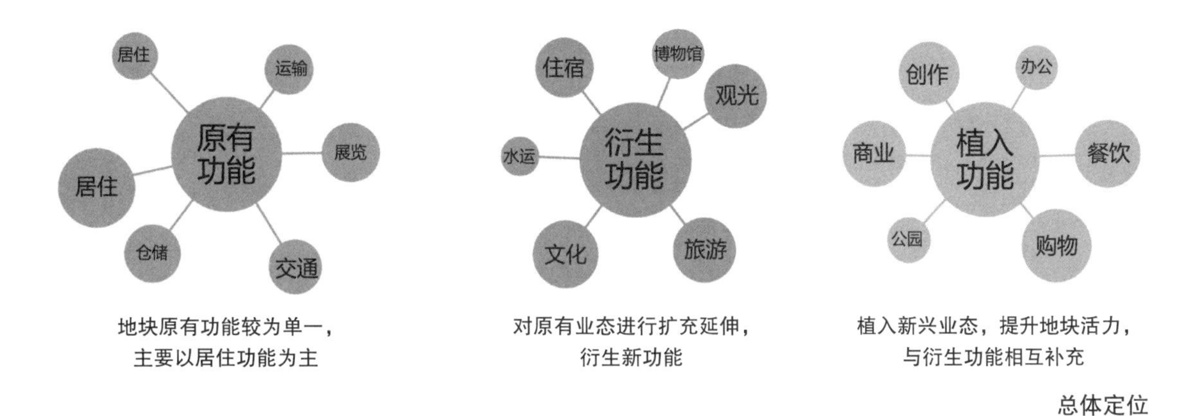
原有功能
居住
运输
展览
交通
仓储
居住
地块原有功能较为单一，
主要以居住功能为主
衍生功能
住宿
博物馆
观光
水运
文化
旅游
对原有业态进行扩充延伸，
衍生新功能
植入功能
创作
办公
商业
餐饮
公园
购物
植入新兴业态，提升地块活力，
与衍生功能相互补充

总体定位

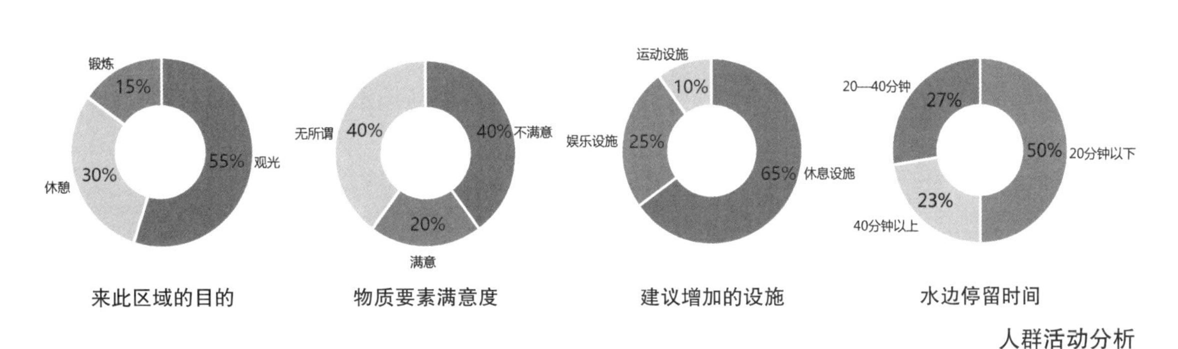
锻炼 15%
休憩 30%
55% 观光
来此区域的目的
无所谓 40%
40% 不满意
20% 满意
物质要素满意度
运动设施 10%
娱乐设施 25%
65% 休息设施
建议增加的设施
20—40分钟 27%
50% 20分钟以下
23% 40分钟以上
水边停留时间

人群活动分析

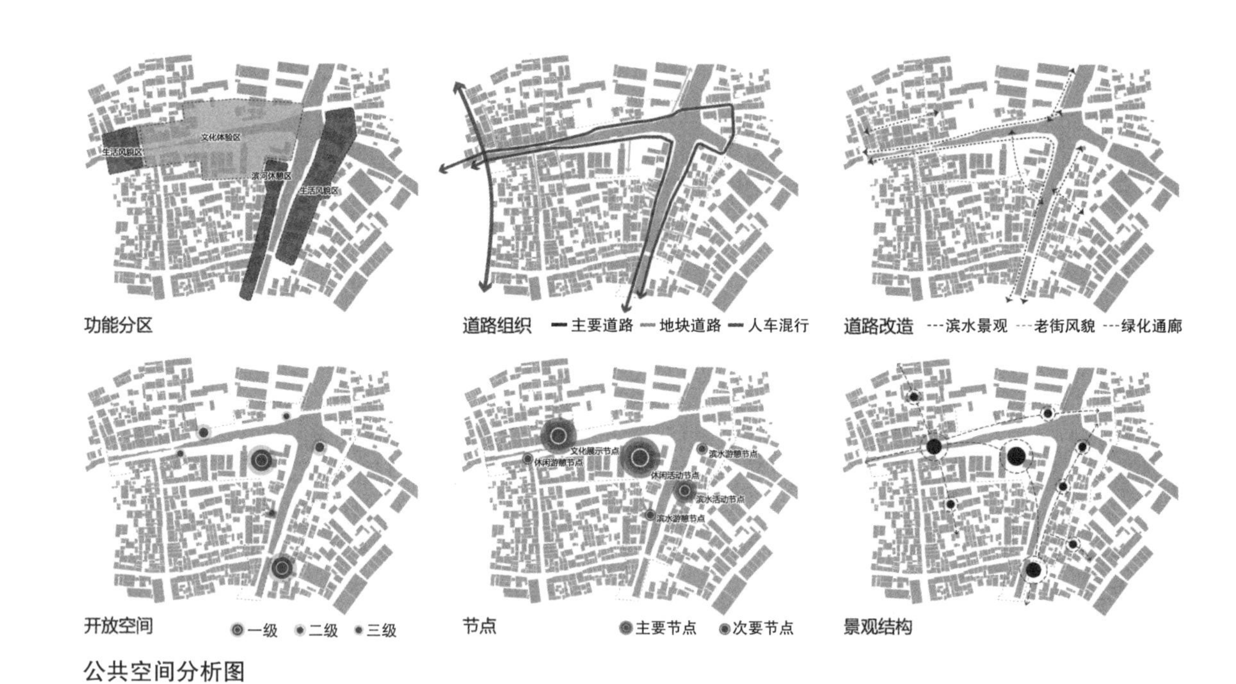
生活风貌区
文化体验区
滨河休憩区
生活风貌区
功能分区
道路组织
主要道路
地块道路
人车混行
道路改造
滨水景观
老街风貌
绿化通廊
文化展示节点
休闲游憩节点
滨水游憩节点
休闲活动节点
滨水活动节点
滨水游憩节点
开放空间
一级
二级
三级
节点
主要节点
次要节点
景观结构

公共空间分析图

竺西书院
风筝广场
横
塘
河
N
0 10 20 30 40 60 80 m

十字河区域规划设计总平面图

一级指标	纵深型		沿街型	复合型
二级指标	有天井	没有天井	—	—
代表建筑				
功能策划	商住混合	住宅	文创售卖	民宿
改造手法	院落营造	增加天窗	立面更新	剖面塑造
剖面引导活化导则	绿化配置 清理杂物 沿街开设店铺 内部保留居住	在屋顶增设天窗	内外视线交流 插入玻璃体块	居住单元 上下交流 公共空间

建筑活化导则

纵深型
沿街型
复合型

建筑分级分类

紧凑通过型滨水空间——尺度为3 m以下的通过型滨水步道：配置小型景观或家具，不进一步细化分区。

基本通过型滨水空间——尺度为3—6 m的通过型滨水步道：保证人行交通功能的同时细化分区。

宽阔通过型滨水空间——尺度在6 m以上的通过型滨水步道：丰富功能的同时可结合河道、码头对地形进行改造。

游客公共型滨水空间——主要为到此观光的游客设计的室外空间：商业功能置入/景观氛围营造/文化活力塑造。

居民生活型滨水空间——主要为当地居民生活设计的室外空间：保持私密性，增加便民设施，丰富居民生活。

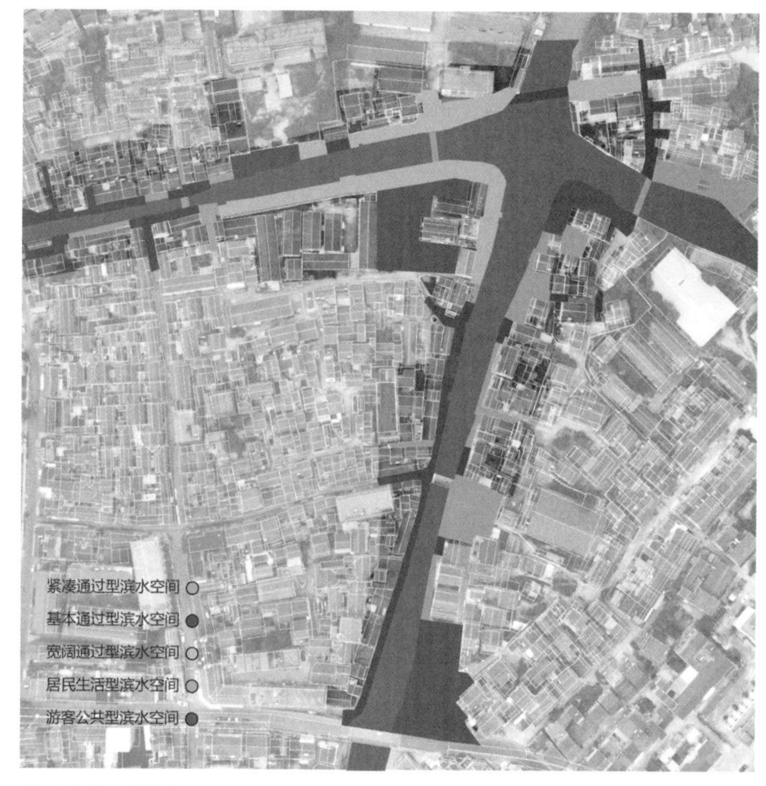
紧凑通过型滨水空间
基本通过型滨水空间
宽阔通过型滨水空间
居民生活型滨水空间
游客公共型滨水空间

滨水空间类型分布

一级指标	通过型滨水空间			停留型滨水空间	
二级指标	紧凑型	基本型	宽阔型	公共型	生活型
代表区域					
原有断面	2.4 m	1.8 m 4.0 m	1.8 m 8.0 m	7.6 m 35.0 m 8.0 m	7.6 m 4.2 m 3.0 m
活动策划	通行	写生、休憩、交流	晾晒、休憩、亲水活动	传统活动、售卖、休息	晾晒、健身、亲近自然
优化断面					

滨水空间活化导则

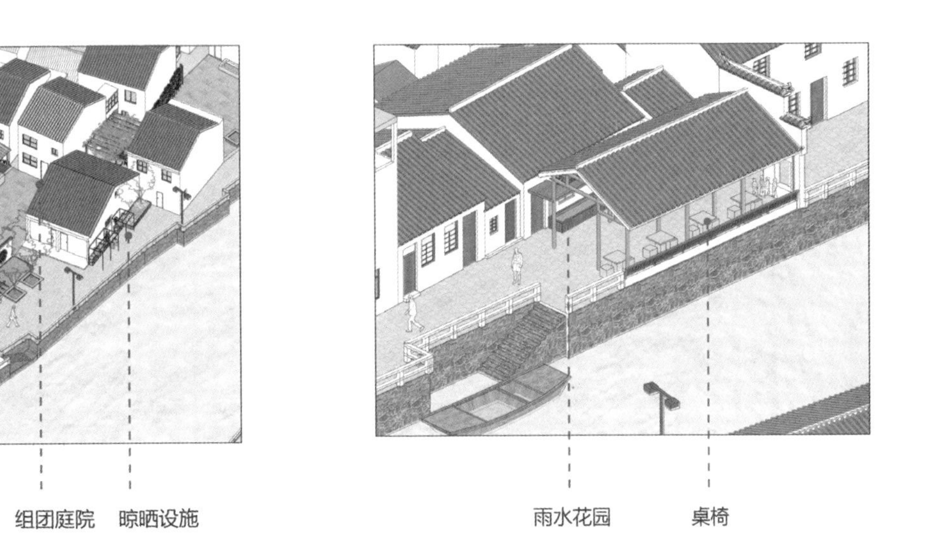

步道设计　廊子　组团庭院　晾晒设施

雨水花园　桌椅

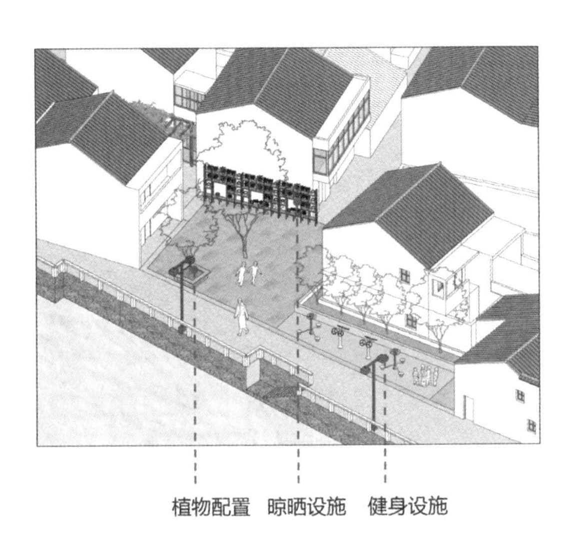

植物配置　晾晒设施　健身设施

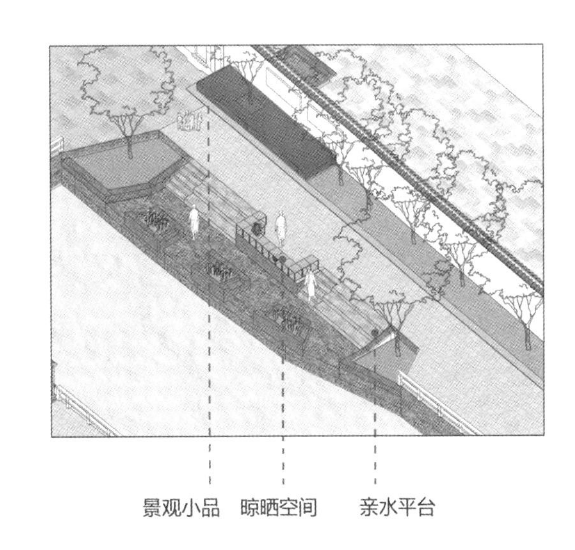

景观小品　晾晒空间　亲水平台

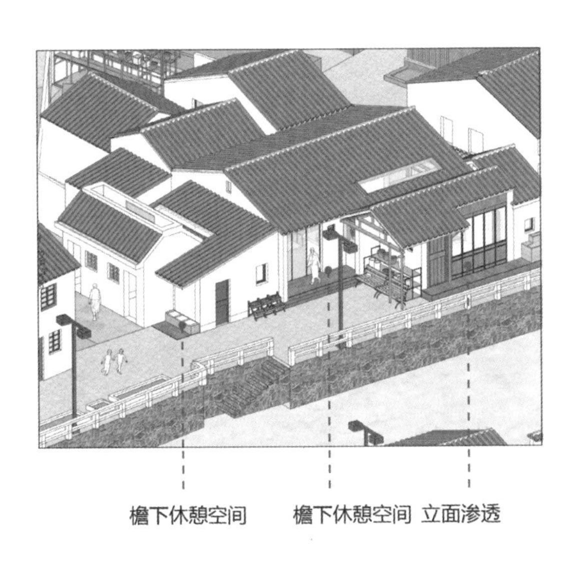

檐下休憩空间　檐下休憩空间　立面渗透

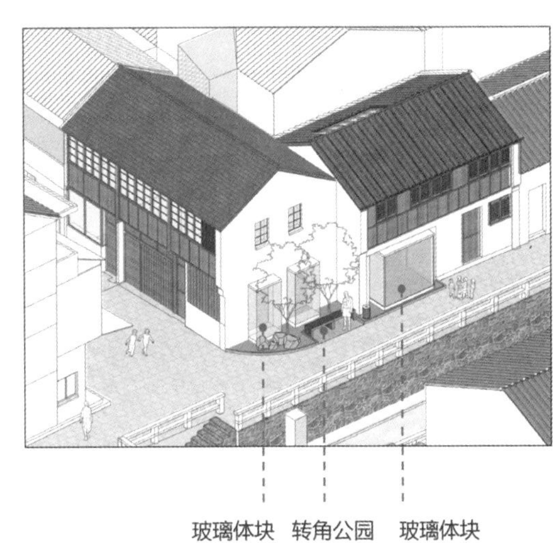

玻璃体块　转角公园　玻璃体块

滨水公共空间节点活化

周铁传统村位于太湖西岸，境内水系众多，航运条件十分优越，上古时就是太湖的主要港口之一。横塘纵溇的水利工程作为太湖水利航运的“脉络众窍”成为历朝治理的重点。

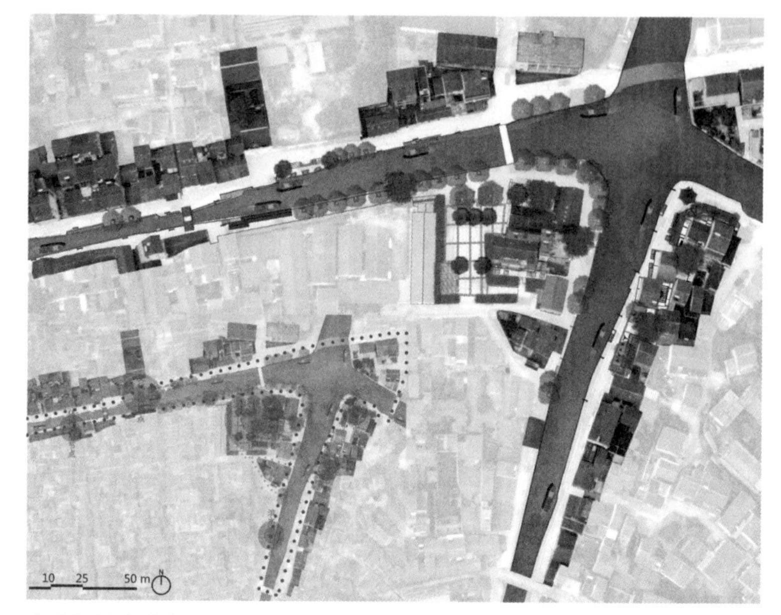
10
25
50 m
N
十字河滨水空间平面

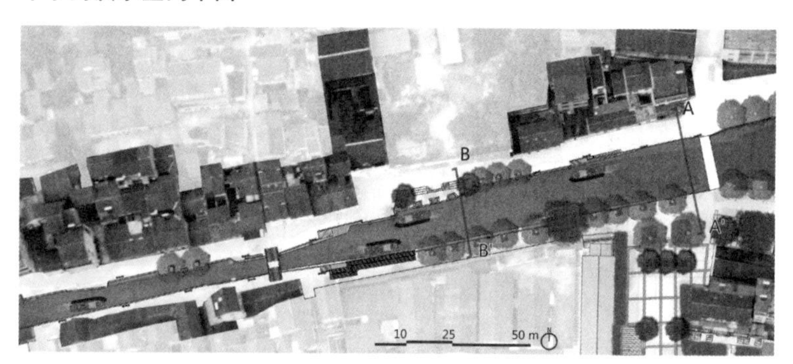
A
A'
B
B'
10
25
50 m
N
北侧滨水空间平面

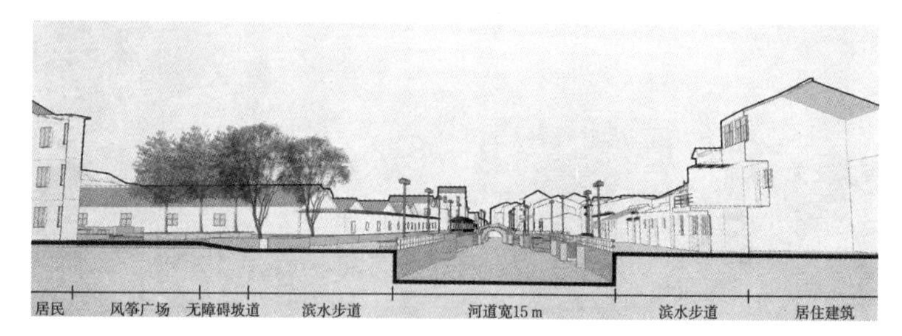
居民
风筝广场
无障碍坡道
滨水步道
河道宽15 m
滨水步道
居住建筑
A-A' 剖面图

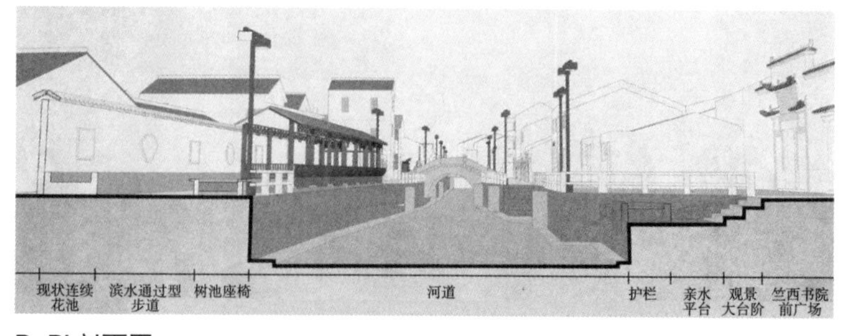
现状连续花池
滨水通过型步道
树池座椅
河道
护栏
亲水平台
观景大台阶
竺西书院前广场
B-B' 剖面图

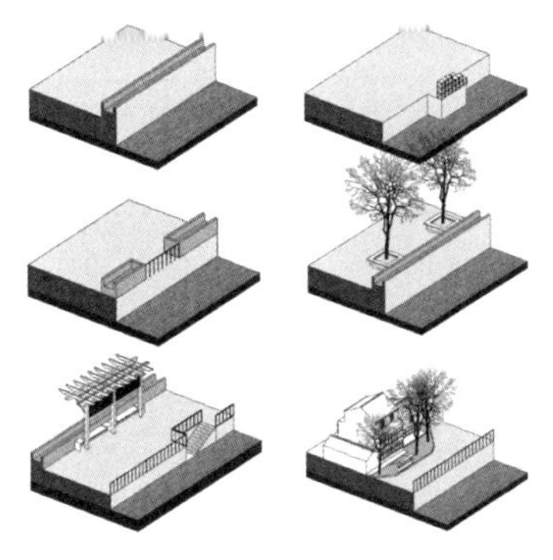
滨水空间活化策略

滨水两岸现为单调的通过型空间，且沿河设有花坛绿植，进一步降低了河岸的亲水性。

通过打断河岸连续的绿化带以增加活动座椅、结合现状驳岸码头设置休憩停留设施、增加模块化晾晒设施、改建树池座椅、将滨水空间与入户花园相结合的方式来丰富滨水空间形态，提高滨水空间的可停留性。

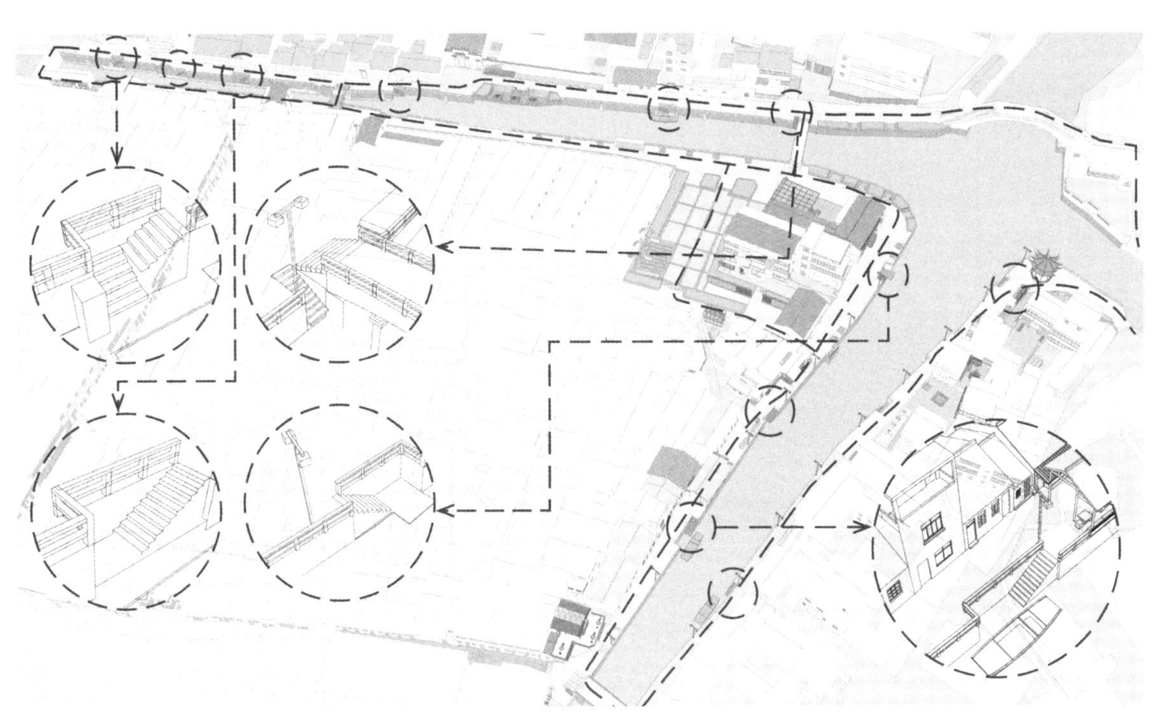
滨水空间基础设施现状

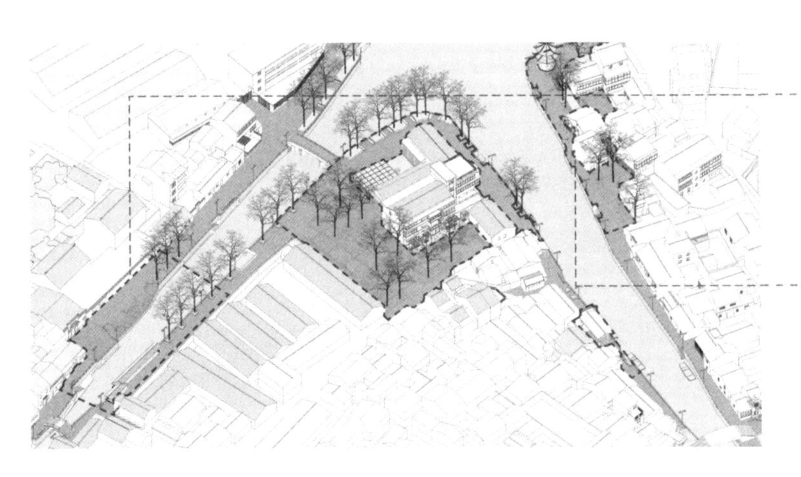

南北沿河

以竺西书院、风筝博物馆为亮点，面向游客形成文化体验主题长街；打造沿河景观长廊，置入小游园、小广场，并向河岸打开

东西沿河

以居民生活场景为依托，展示周铁的生活风貌；置入新业态，打造开放的沿河商业风情带；充分利用沿河空间，结合建筑院落空间形成供人停留、休憩的场所，增加滨水空间的活力

滨水空间现状

3.3.2 不轻旧乡，不舍水巷

活化后的横塘河畔不只是旅游胜地，更能寄托周铁人的乡愁，承载美好的乡居生活，传承当地文化，再现市镇繁荣。

沿河景观鸟瞰图

通过对沿河地块的调研分析，充分挖掘沿河街巷与横塘河发展兴衰过程中的一些重要的历史文化场所。现状则呈现出人口老龄化和空间的空心化。

依托与大拈花湾接轨契机，活态化转变为目标，从“三生”的角度切入，利用场地文化基因进行场所重塑，实现周铁传统文化的可解、可见和横塘河畔的复兴。

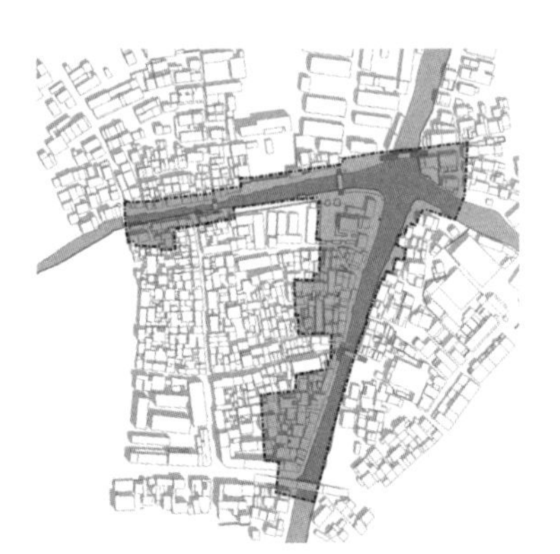

研究范围

与十字街的关系

街巷系统

游客动线

主要节点空间

居民动线

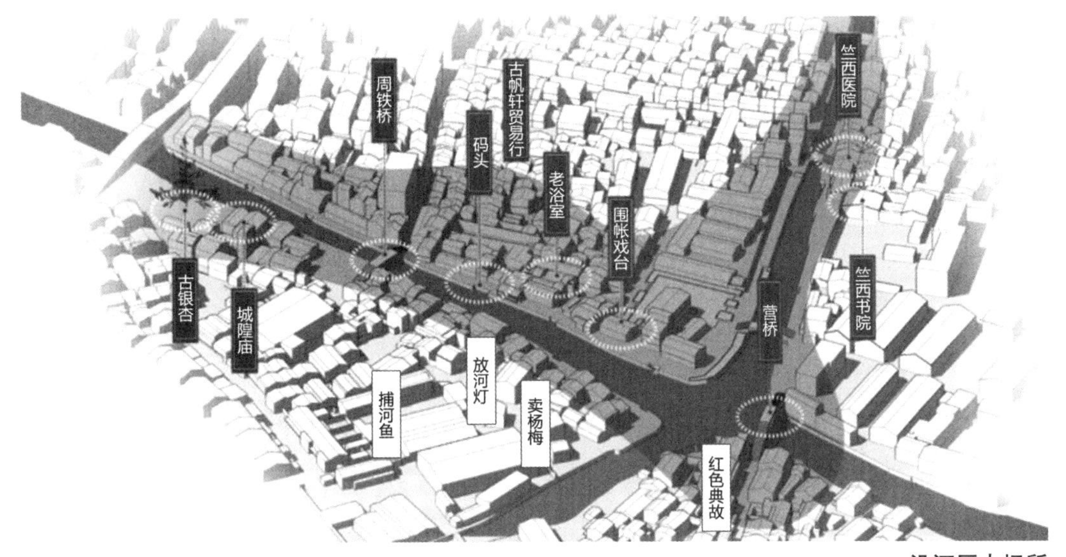
周铁桥
古帆轩贸易行
码头
老浴室
围帐戏台
竺西医院
竺西书院
古银杏
城隍庙
营桥
放河灯
捕河鱼
卖杨梅
红色典故

沿河历史场所

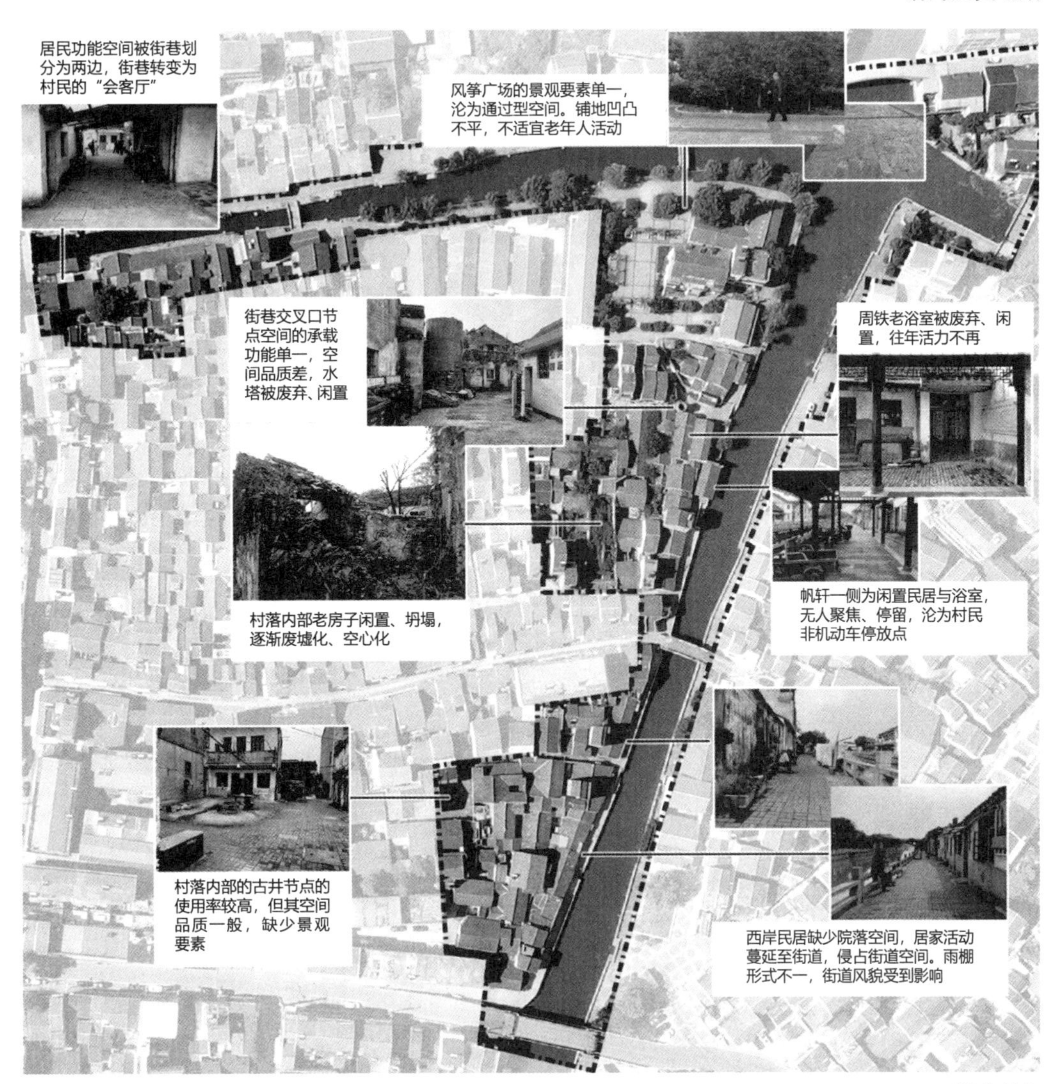
居民功能空间被街巷划分为两边，街巷转变为村民的“会客厅”
风筝广场的景观要素单一，沦为通过型空间。铺地凹凸不平，不适宜老年人活动
街巷交叉口节点空间的承载功能单一，空间品质差，水塔被废弃、闲置
周铁老浴室被废弃、闲置，往年活力不再
村落内部老房子闲置、坍塌，逐渐废墟化、空心化
帆轩一侧为闲置民居与浴室，无人聚焦、停留，沦为村民非机动车停放点
村落内部的古井节点的使用率较高，但其空间品质一般，缺少景观要素
西岸民居缺少院落空间，居家活动蔓延至街道，侵占街道空间。雨棚形式不一，街道风貌受到影响

街巷认知

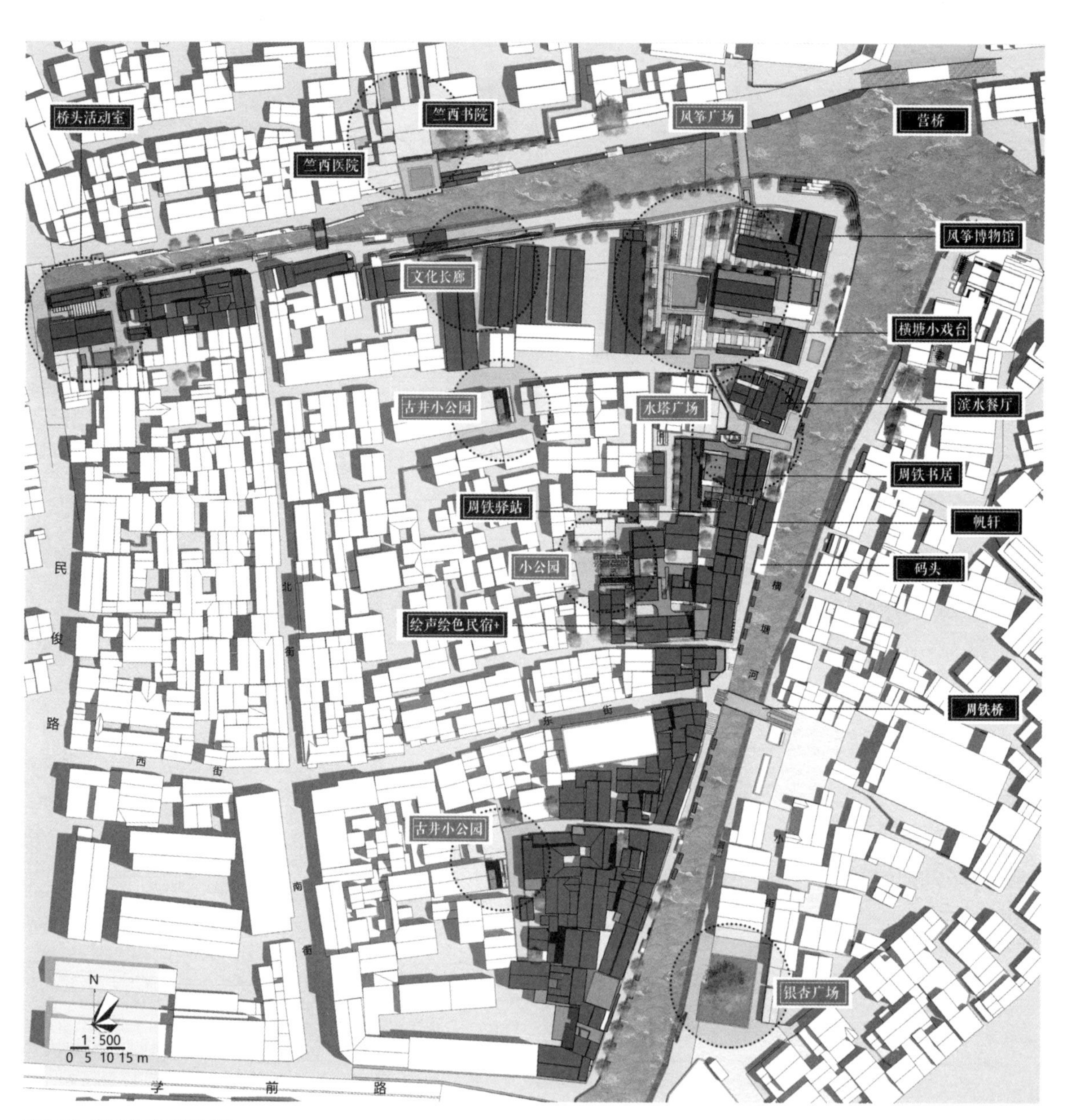
桥头活动室
竺西书院
竺西医院
风筝广场
营桥
风筝博物馆
文化长廊
横塘小戏台
古井小公园
水塔广场
滨水餐厅
周铁书居
周铁驿站
帆轩
小公园
码头
绘声绘色民宿+
周铁桥
民
俊
路
北
街
西
街
东
街
横
塘
河
古井小公园
南
街
银杏广场
N
1 : 500
0 5 10 15 m
学
前
路

沿河公共空间总平面图

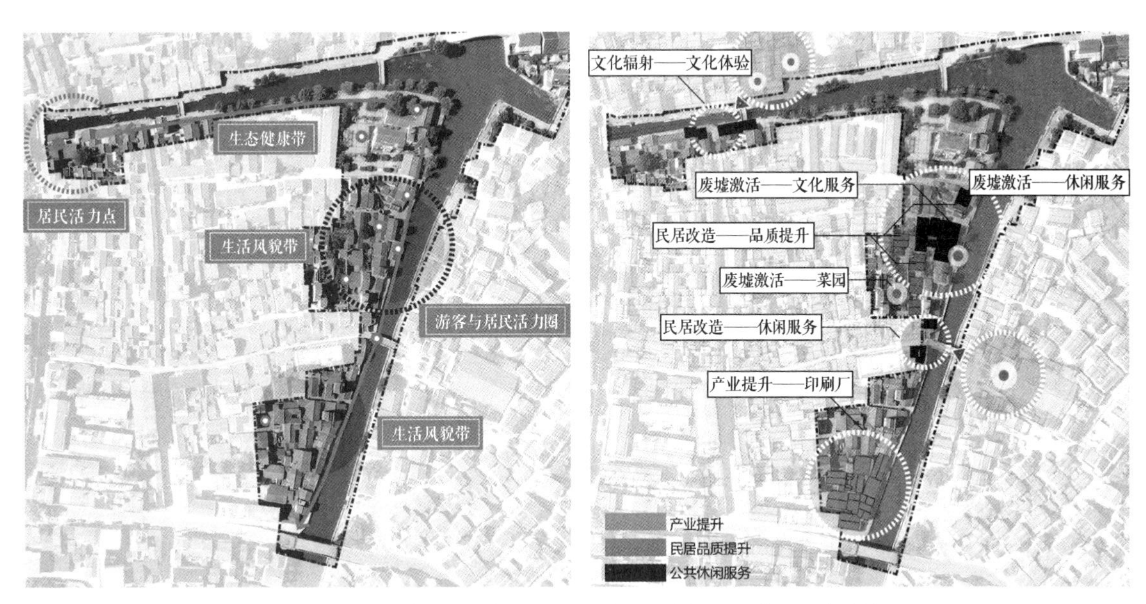
生态健康带
居民活力点
生活风貌带
游客与居民活力圈
生活风貌带
文化辐射——文化体验
废墟激活——文化服务
废墟激活——休闲服务
民居改造——品质提升
废墟激活——菜园
民居改造——休闲服务
产业提升——印刷厂
产业提升
民居品质提升
公共休闲服务

近期结构：一河·两圈·两带（以周铁传统村原真性生活风貌展示为核心的滨河生态游线）　　**近期建设**

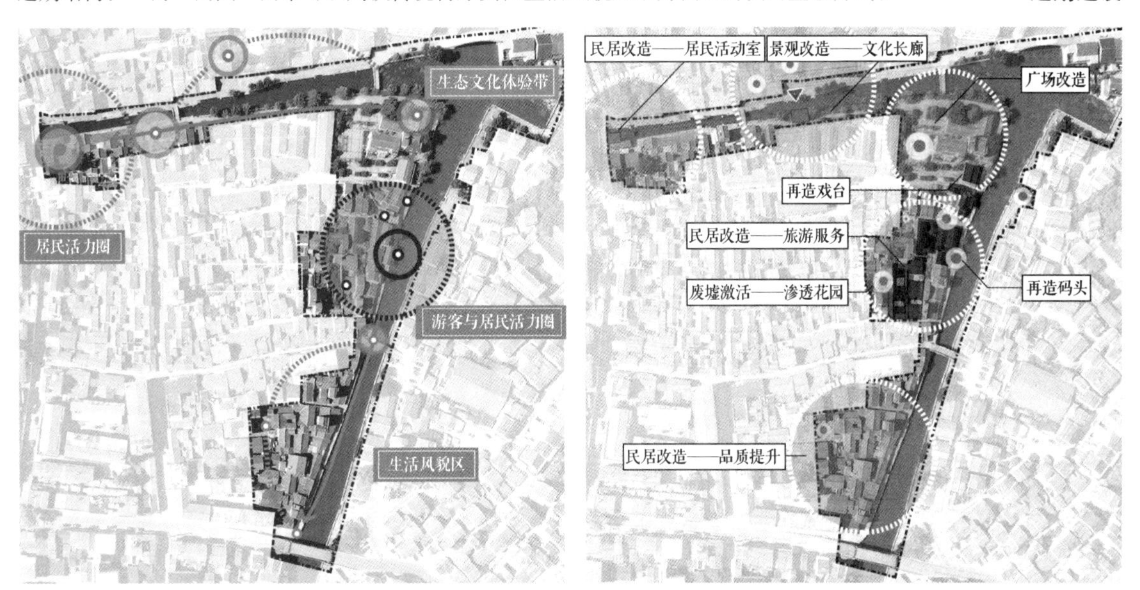
生态文化体验带
居民活力圈
游客与居民活力圈
生活风貌区
民居改造——居民活动室
景观改造——文化长廊
广场改造
再造戏台
民居改造——旅游服务
废墟激活——渗透花园
再造码头
民居改造——品质提升

远期结构：一河·两圈·两带（江南乡村生活再定义与生态文化旅游示范线）　　**远期建设**

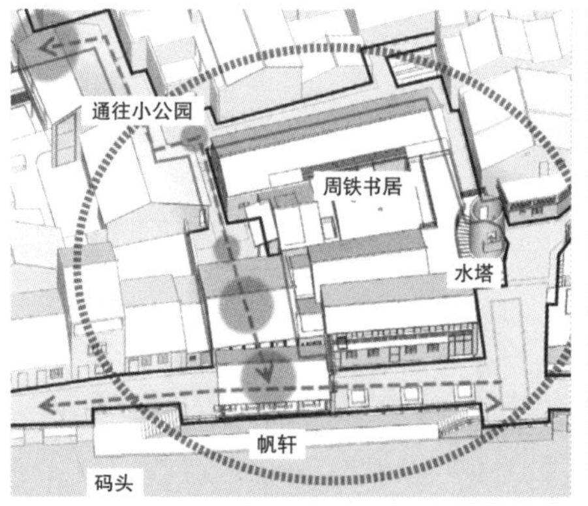
通往小公园
周铁书居
水塔
帆轩
码头

帆轩—周铁驿站活化分析

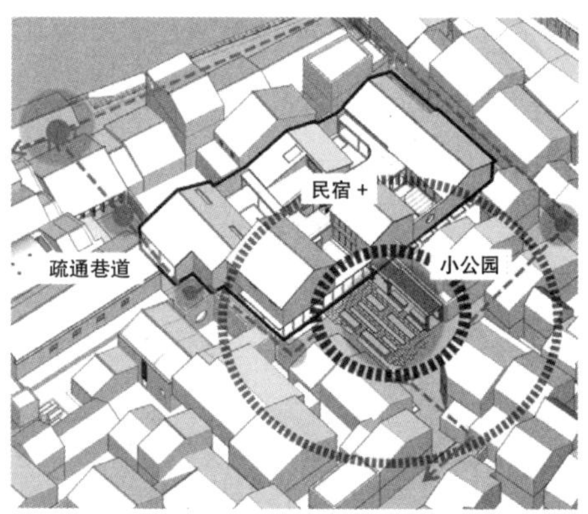
民宿 +
疏通巷道
小公园

“民宿 +”公园活化分析

帆轩 A

“民宿 +”小公园 A

帆轩 B

“民宿 +”小公园 B

周铁驿站

“民宿 +”

风筝广场现承载活动不多，空间品质一般，平时鲜有村民在此停留。广场改造后，加强功能分区，可作为健身区、活动区与休息区，方便当地居民使用。

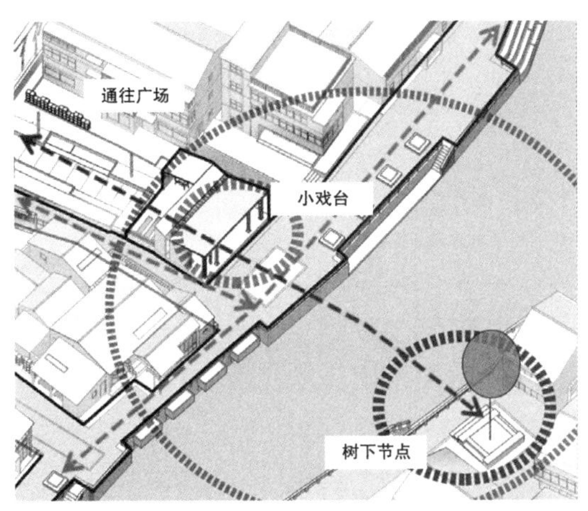
通往广场
小戏台
树下节点

横塘河小戏台活化分析

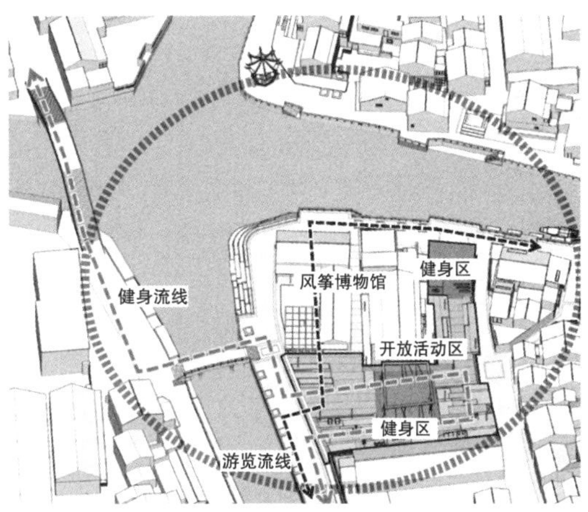
健身流线
风筝博物馆
健身区
开放活动区
健身区
游览流线

风筝广场驿站活化分析

横塘河沿岸活化后的餐厅与小戏台

风筝广场 A

横塘河沿岸活化后的小戏台

风筝广场 B

周铁传统村西侧沿河街巷是沿河村民健身步道的重要组成部分，南侧为念佛堂围墙，墙边有景观绿化。此处多为沿河居住的村民活动，游客较少，日常活力较低，只在早晚有散步、遛狗的村民通过。

沿河空间效果图 A

沿河的交通型点状空间多为路口单侧扩张型，现设有垃圾设施，功能单一，风貌较差。路口往往有埠头，村民在此打水，有一定的交往活动。现将原有的单一交通空间复合为景观与休闲公共空间，通过增加路口扩张型空间的街道家具和公共设施，为村民的活动提供依托。

将河岸节点或埠头适当放大，以起到延伸视线的作用，从而可以与河岸对话，有利于村民间的交流。

通过铺地的更换或抬升，增强景观型点状空间的空间限定感，有利于增强场所感，吸引村民在此活动。

将原有单一的景观空间复合为景观与休闲公共空间，通过增加树下的街道家具和设施，为村民的活动提供依托。

沿河空间效果图 B

3.4 陆巷古村

3.4.1 历史人文视角：陆巷悠 · 古村溯 · 文蕴传

“陆巷悠 · 古村溯 · 文蕴传”是基于陆巷众多的历史建筑以及优秀的历史文化所提出的以历史文化追溯为主导的规划策略。

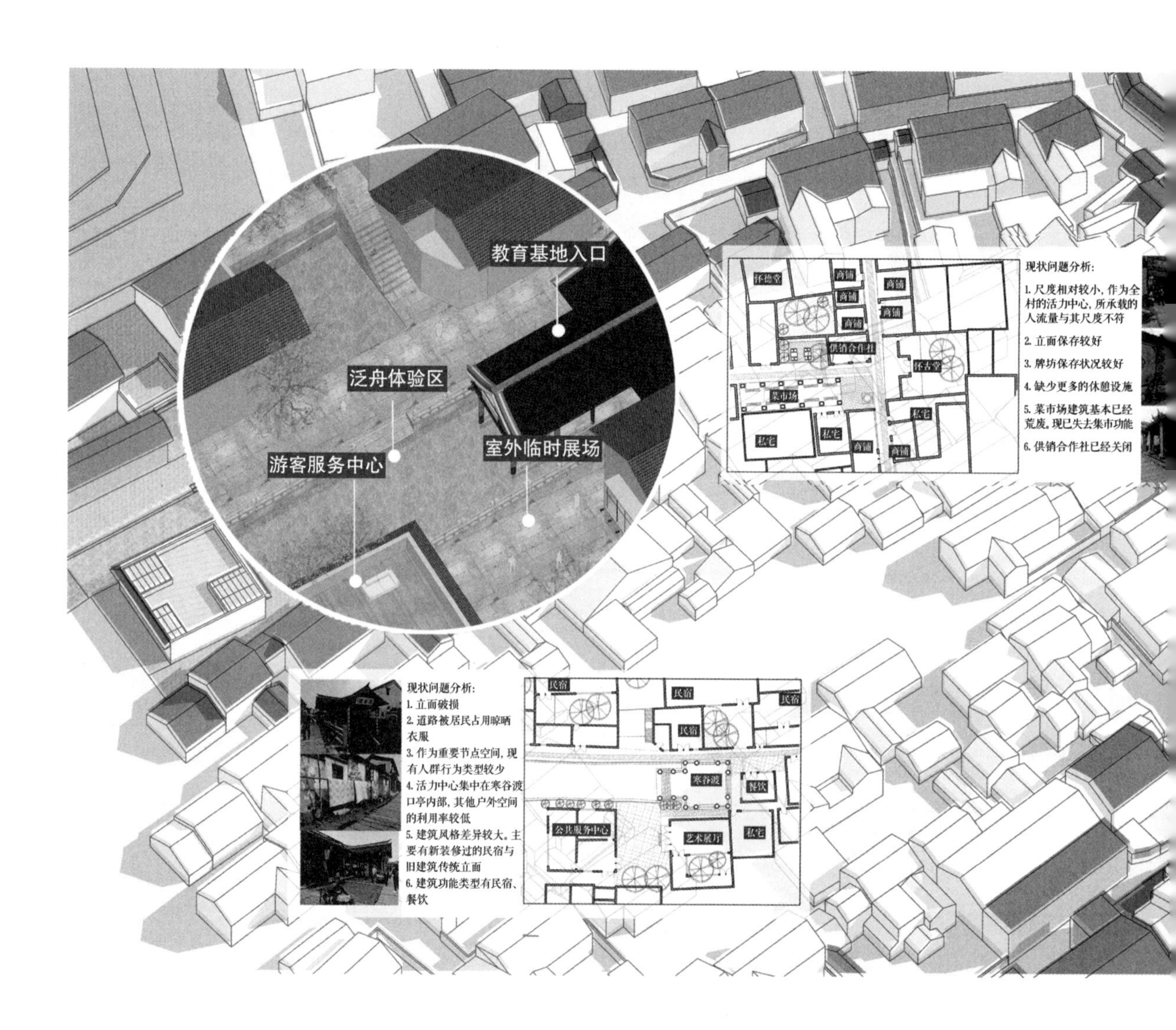
教育基地入口
泛舟体验区
游客服务中心
室外临时展场
怀德堂
商铺
供销合作社
怀古堂
菜市场
私宅
现状问题分析:
1. 尺度相对较小，作为全村的活力中心，所承载的人流量与其尺度不符
2. 立面保存较好
3. 牌坊保存状况较好
4. 缺少更多的休憩设施
5. 菜市场建筑基本已经荒废。现已失去集市功能
6. 供销合作社已经关闭
现状问题分析:
1. 立面破损
2. 道路被居民占用晾晒衣服
3. 作为重要节点空间，现有人群行为类型较少
4. 活力中心集中在寒谷渡口亭内部，其他户外空间的利用率较低
5. 建筑风格差异较大。主要有新装修过的民宿与旧建筑传统立面
6. 建筑功能类型有民宿、餐饮
民宿
寒谷渡
餐饮
公共服务中心
艺术展厅
私宅

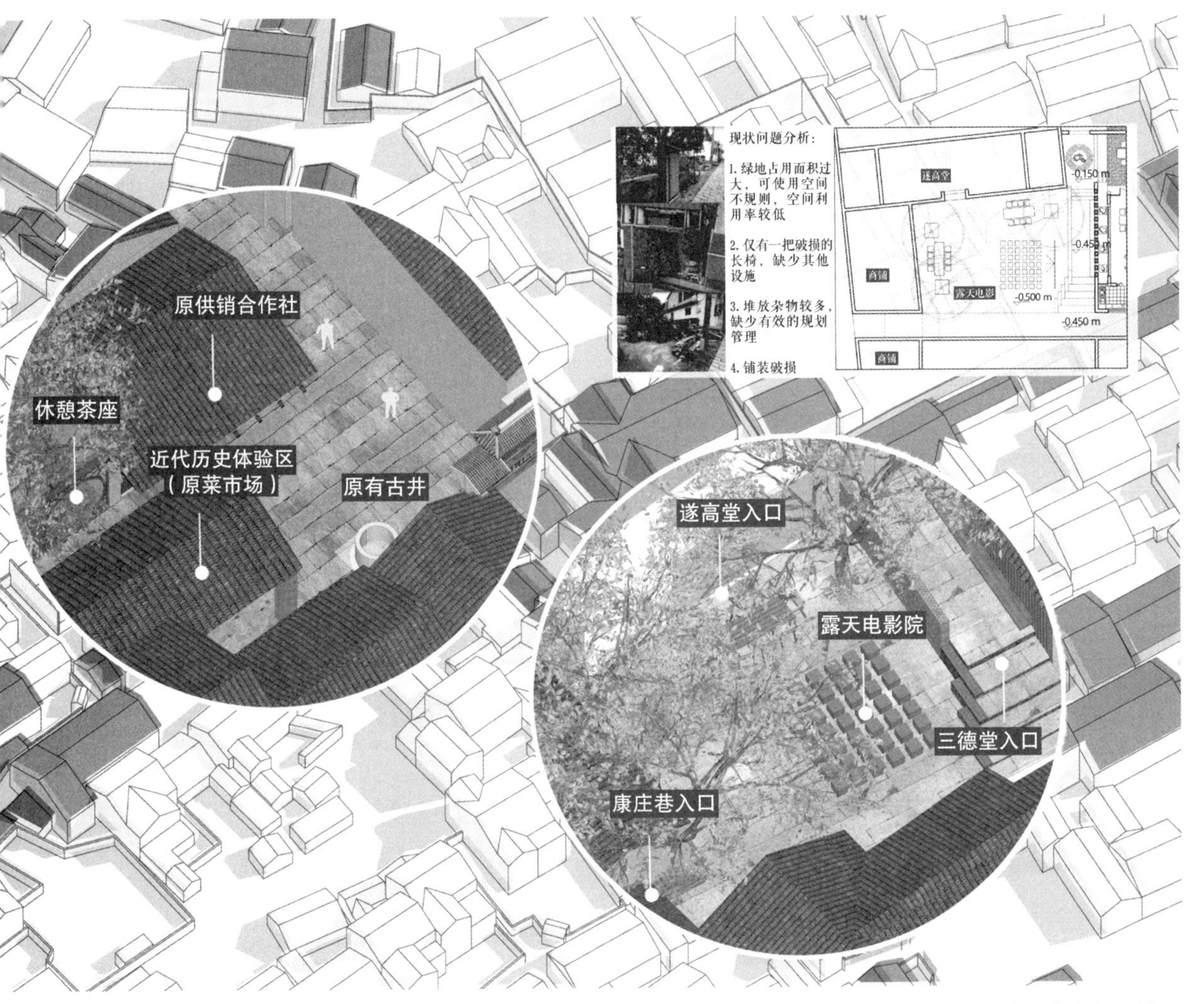
原供销合作社
休憩茶座
近代历史体验区
（原菜市场）
原有古井
现状问题分析：
1. 绿地占用面积过大，可使用空间不规则，空间利用率较低
2. 仅有一把破损的长椅，缺少其他设施
3. 堆放杂物较多，缺少有效的规划管理
4. 铺装破损
遂高堂
商铺
露天电影
商铺
-0.150 m
-0.450 m
-0.500 m
-0.450 m
遂高堂入口
露天电影院
三德堂入口
康庄巷入口

陆巷古村重点公共空间设计图

在陆巷古村的非物质文化传承中，大多保存较为良好，并且现在已有一定的宣传力度。但有一些民俗、传统活动已经消失不见，如听戏、喝茶、说书等。

针对以上濒危或已经消失的传统文化，计划在空间上增设相应的建筑与公共空间。以时间为线索，构成一个完整的历史文化空间序列。

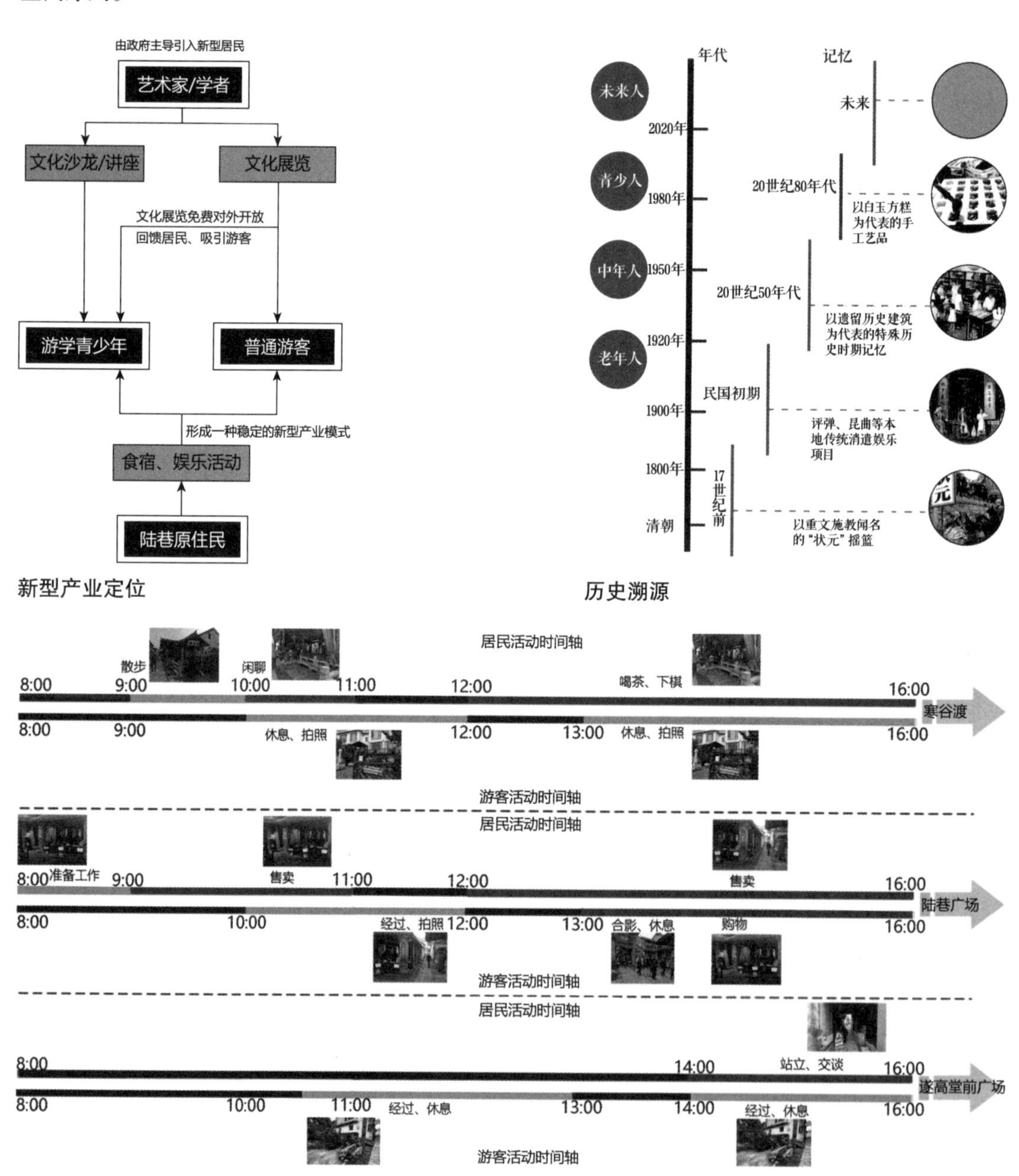

由政府主导引入新型居民
艺术家/学者
文化沙龙/讲座
文化展览
文化展览免费对外开放
回馈居民、吸引游客
游学青少年
普通游客
形成一种稳定的新型产业模式
食宿、娱乐活动
陆巷原住民
年代
记忆
未来人
青少人
中年人
老年人
2020年
1980年
1950年
1920年
1900年
1800年
清朝
未来
20世纪80年代
以白玉方糕为代表的手工艺品
20世纪50年代
以遗留历史建筑为代表的特殊历史时期记忆
民国初期
评弹、昆曲等本地传统消遣娱乐项目
17世纪前
以重文施教闻名的"状元"摇篮
居民活动时间轴
散步
闲聊
喝茶、下棋
8:00
9:00
10:00
11:00
12:00
13:00
16:00
寒谷渡
休息、拍照
游客活动时间轴
准备工作
售卖
陆巷广场
经过、拍照
合影、休息
购物
站立、交谈
14:00
遂高堂前广场
经过、休息

新型产业定位

历史溯源

古村生活行为分时分析

“诗文陆巷，太湖桃源。重走宰相路，再登进士门。”

将陆巷重新定位为太湖教育基地，以一街六巷的核心区域及历史建筑群作为发展重点，保留主要的村落结构特色，通过对生活行为的分析，对主要的公共空间节点进行设计，并对游览线路进行疏导。

引入教育基地（吴中文人、吴门画派、香山帮）、图书馆、书屋、博物馆、文创售卖等功能，吸引青少年、文艺工作者、学者等来此参观学习、体验古村落历史文化，举办夏令营、文艺活动、沙龙会议等活动，从而提升历史文化古村的知名度，推动文旅产业的发展，进而带动村落其他产业的提升。

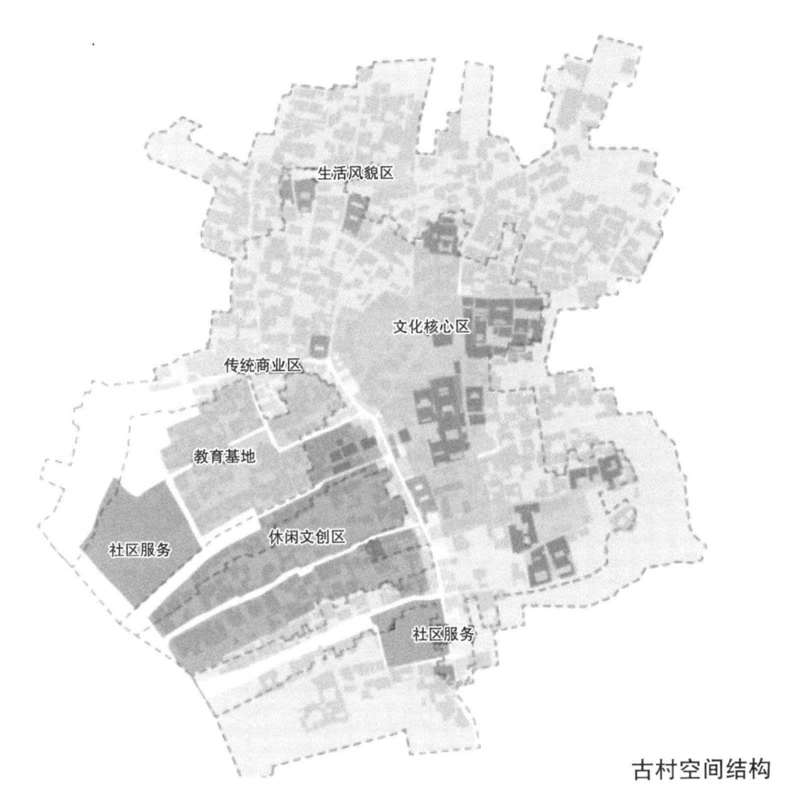
生活风貌区
文化核心区
传统商业区
教育基地
社区服务
休闲文创区
社区服务
古村空间结构

寒山广场
作为从陆巷西上寒谷山的重要节点，提供休憩、售卖等功能
旧巷：修整疏通
古井广场
围绕现有古井打造历史主题广场。作为从生活风貌区向历史主题区过渡的重要节点空间
六巷
承担交通功能
花翎巷：修整改造
宰相广场
作为宰相府前广场，承担休憩等功能
寒谷渡
进行精细化设计，打造教育基地入口及开放临时展览前的集散空间
陆巷广场
保留原有传统手工艺品售卖功能，增加休憩设施，同时植入体验功能
新巷：疏通改造
传统商业街：紫石街
遂高堂前广场
梦园广场
作为叶府前广场，承担休憩功能
总体规划结构

在总体规划设计的指导下，选取了三个重要的公共空间节点进行细化设计：寒谷渡口、陆巷广场及遂高堂前广场。

寒谷渡口作为古村入口，保留其渡口功能及休憩、社交功能，渡口前的区域可作为室外临时展场。寒谷渡口作为入口的位置优势明显，可起到彰显陆巷历史文化底蕴的作用。

陆巷广场作为村落活力中心，改造成近代历史主题广场，对原有废弃的菜市场建筑进行改造，并重新置入工艺品制作体验区。可利用古井背景墙作为投影壁，讲述陆巷的发展历史。

遂高堂前广场保留康庄巷的巷门。广场内设置投影壁，为参加夏令营的青少年提供户外教育场地，兼具露天影院的功能。设置大台阶作为三德堂民宿的入口，同时可为广场的游客提供休憩空间。

寒谷渡口设计

陆巷广场设计

遂高堂前广场设计

3.4.2　产业旅游视角：陆巷悠 · 山湖耕 · 农旅兴

规划设计以村落产业文化为切入点，挖掘特色产业潜力，提取场地空间特色，规划农旅互融流线，整合节点与路径，实现传承村落产业文化特色、延续村落精神的活态化保护与利用目标。

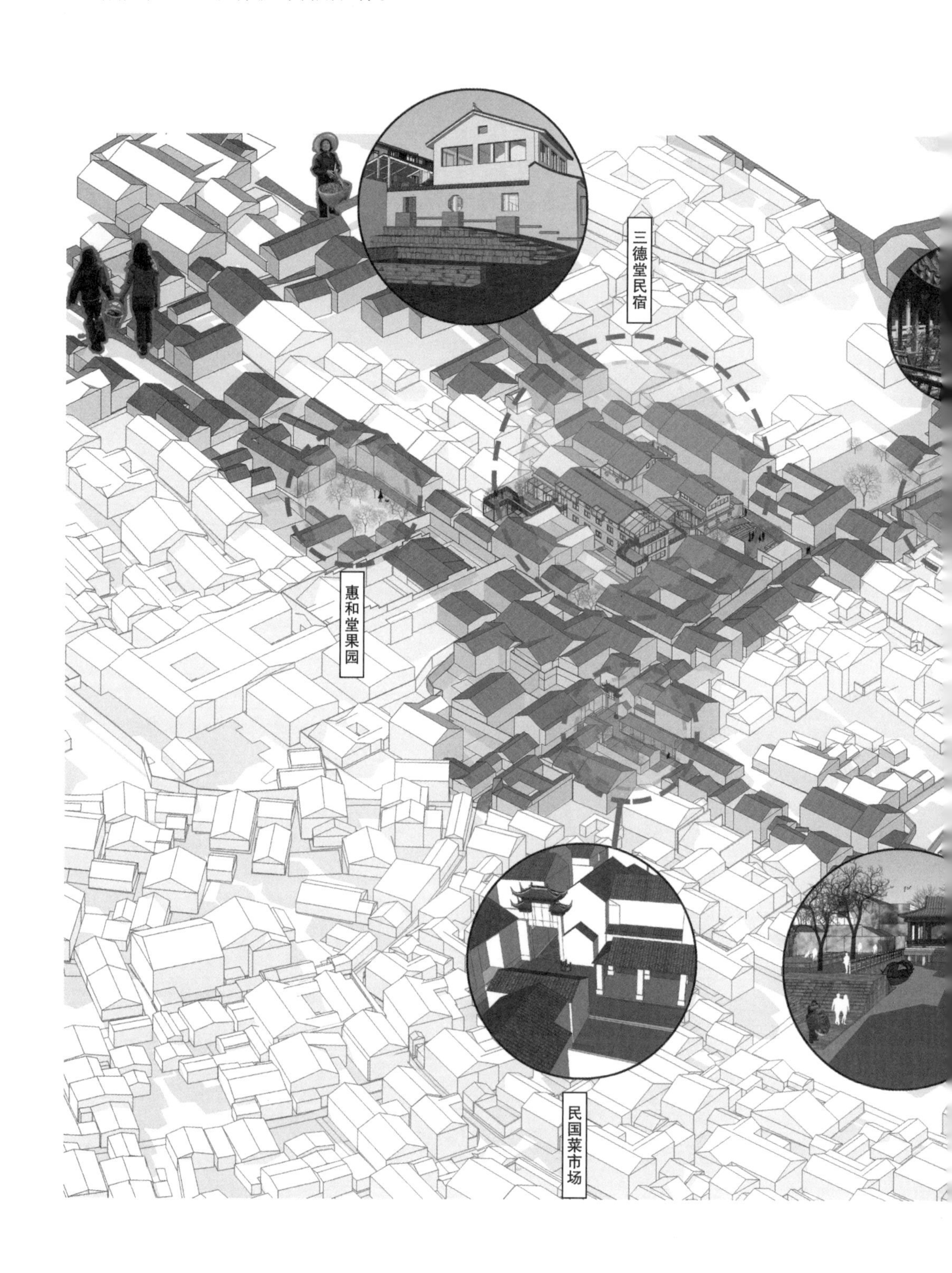
三德堂民宿
惠和堂果园
民国菜市场

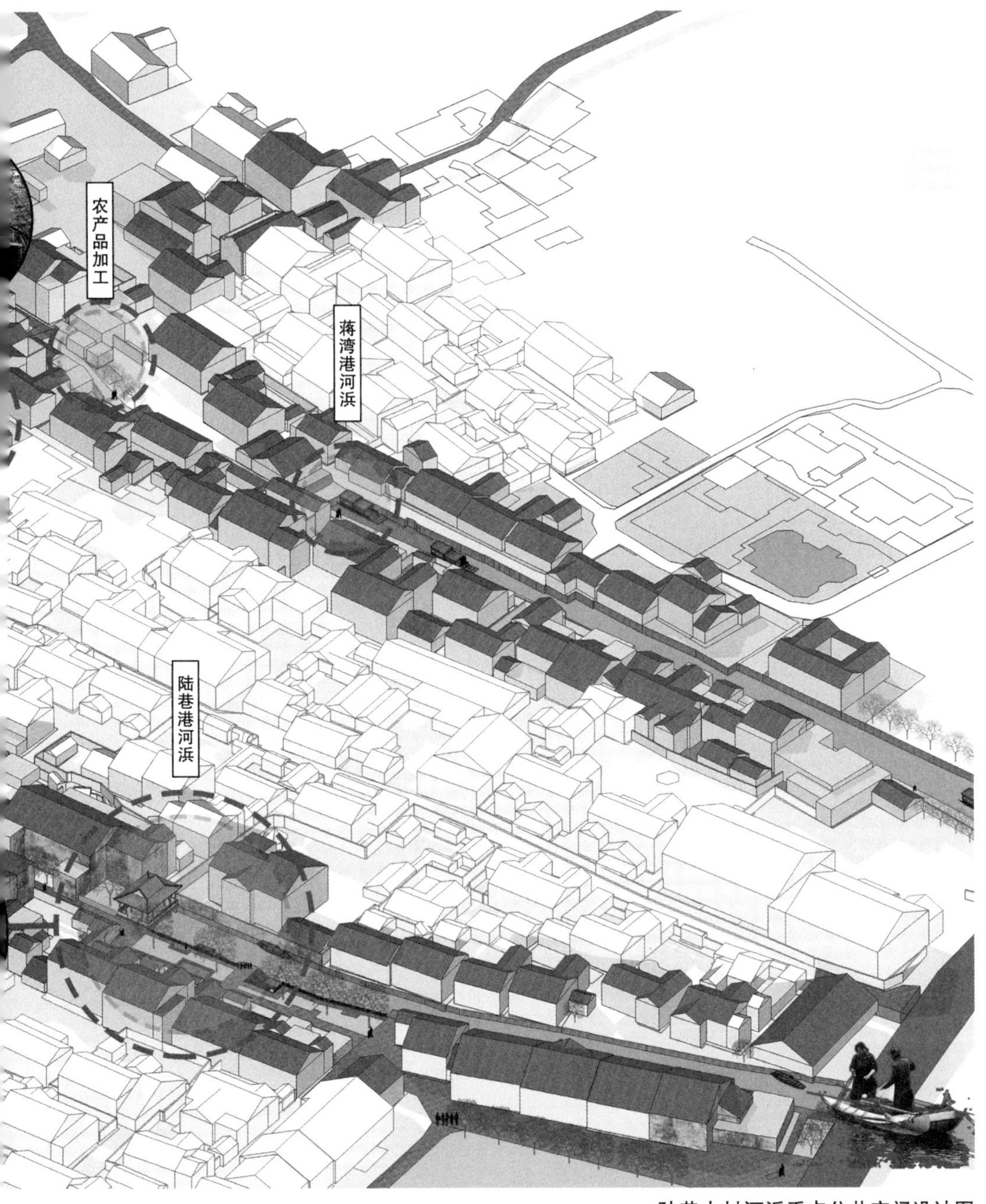
农产品加工
蒋湾港河浜
陆巷港河浜

陆巷古村河浜重点公共空间设计图

规划“一纵、二横、三核心”的片区结构如下：

一纵：

• 以紫石街为依托创造出商业轴。

二横：

• 以文宁巷、陆巷港为依托创造出的产业轴线。

• 以蒋湾港、宝俭堂南部道路创造出的产业轴线。

三核心：

• 民国老菜市场——广场商业核心。

• 三德堂——集吃住产品体验于一体的展览工坊核心。

• 三德堂茶楼及果林——农业展销会、教育科研、农贸产品研究中心。

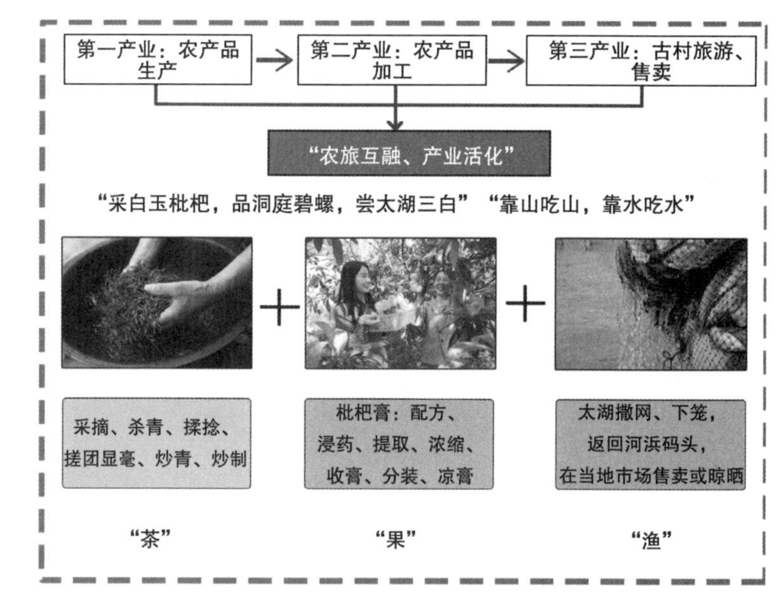

第一产业：农产品生产
第二产业：农产品加工
第三产业：古村旅游、售卖
“农旅互融、产业活化”
“采白玉枇杷，品洞庭碧螺，尝太湖三白”“靠山吃山，靠水吃水”
采摘、杀青、揉捻、搓团显毫、炒青、炒制
枇杷膏：配方、浸药、提取、浓缩、收膏、分装、凉膏
太湖撒网、下笼，返回河浜码头，在当地市场售卖或晾晒
“茶”
“果”
“渔”

主题提出

研究范围
村庄入口
外部道路

与外部道路的关系

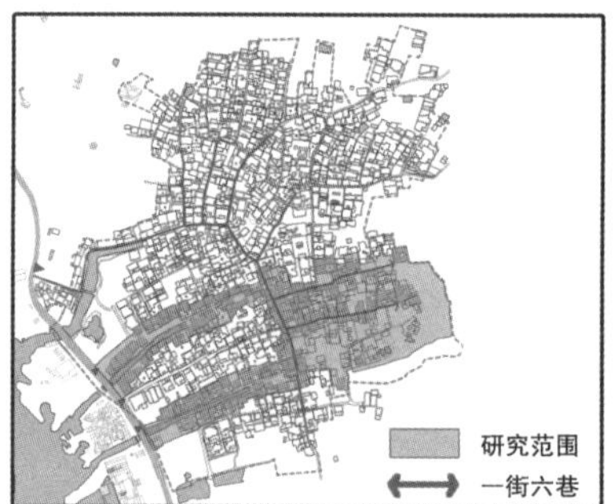

研究范围
一街六巷

与“一街六巷”的关系

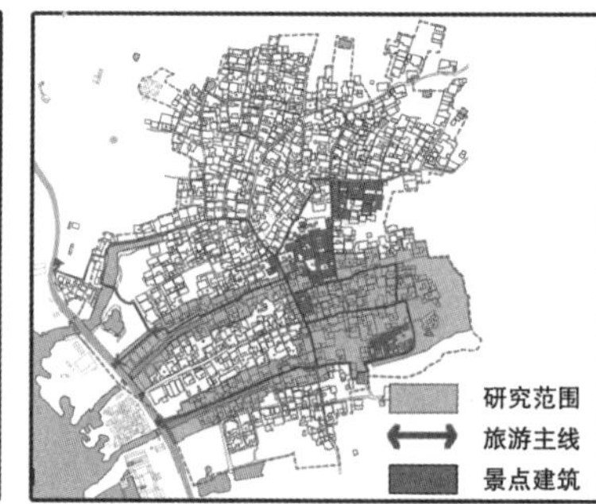

研究范围
旅游主线
景点建筑

与旅游路线、景点建筑的关系

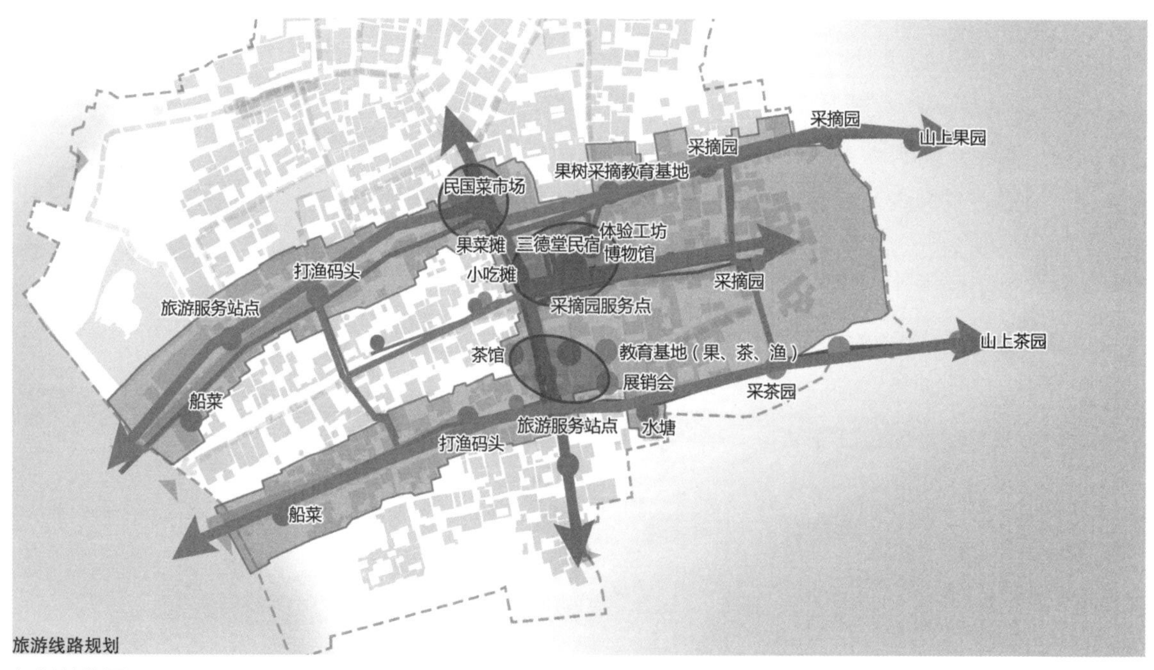

采摘园
山上果园
采摘园
果树采摘教育基地
民国菜市场
体验工坊
果菜摊
三德堂民宿
博物馆
打渔码头
小吃摊
采摘园
旅游服务站点
采摘园服务点
山上茶园
茶馆
教育基地（果、茶、渔）
展销会
船菜
采茶园
旅游服务站点
水塘
打渔码头
船菜
旅游线路规划

规划结构图

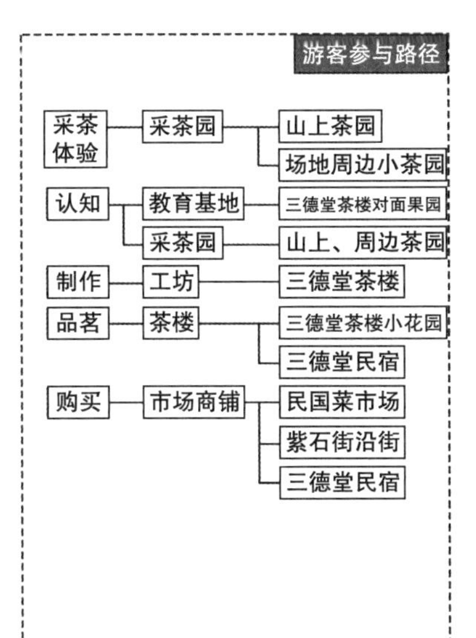
游客参与路径
采茶体验
采茶园
山上茶园
场地周边小茶园
认知
教育基地
三德堂茶楼对面果园
采茶园
山上、周边茶园
制作
工坊
三德堂茶楼
品茗
茶楼
三德堂茶楼小花园
三德堂民宿
购买
市场商铺
民国菜市场
紫石街沿街
三德堂民宿

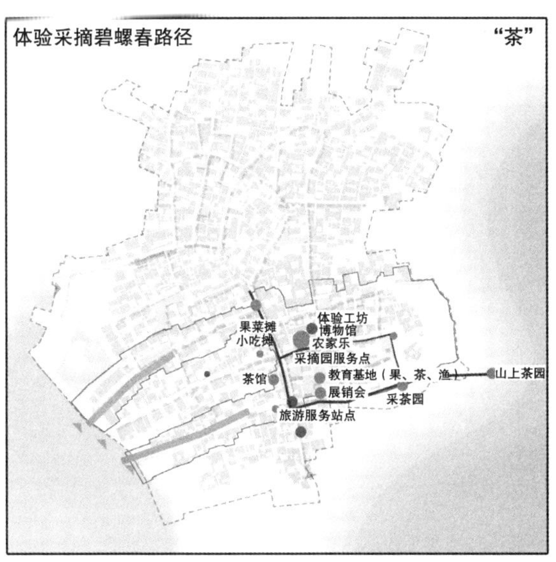
体验采摘碧螺春路径
“茶”
果菜摊
小吃摊
体验工坊
博物馆
农家乐
采摘园服务点
茶馆
教育基地（果、茶、渔）
山上茶园
展销会
采茶园
旅游服务站点

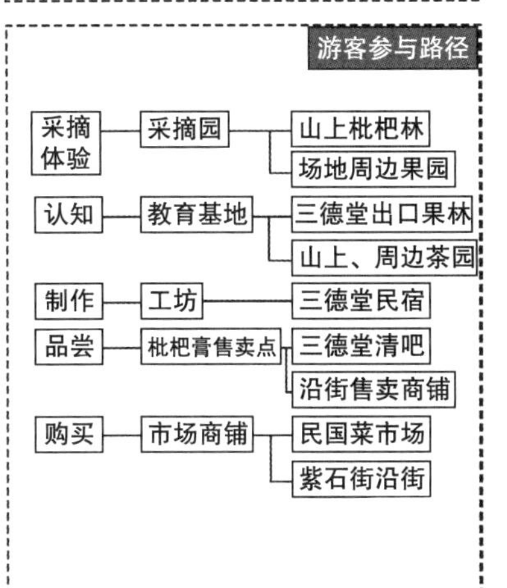
游客参与路径
采摘体验
采摘园
山上枇杷林
场地周边果园
认知
教育基地
三德堂出口果林
山上、周边茶园
制作
工坊
三德堂民宿
品尝
枇杷膏售卖点
三德堂清吧
沿街售卖商铺
购买
市场商铺
民国菜市场
紫石街沿街

体验采摘枇杷路径
“果”
果树采摘
采摘园
采摘园
山上果园
教育基地
民国菜市场
三德堂民宿
体验工坊
果菜摊
博物馆
小吃摊
农家乐
采摘园
采摘园服务点
教育基地（果、茶、渔）
展销会
旅游服务站点

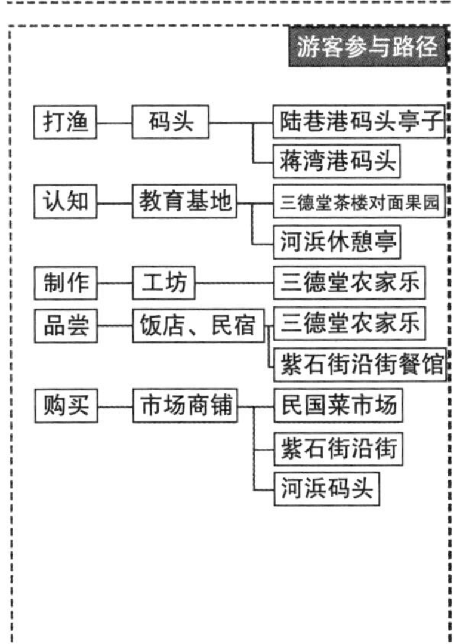
游客参与路径
打渔
码头
陆巷港码头亭子
蒋湾港码头
认知
教育基地
三德堂茶楼对面果园
河浜休憩亭
制作
工坊
三德堂农家乐
品尝
饭店、民宿
三德堂农家乐
紫石街沿街餐馆
购买
市场商铺
民国菜市场
紫石街沿街
河浜码头

体验捕捞太湖三白路径
“渔”
体验工坊
果菜摊
博物馆
打渔码头
小吃摊
农家乐
旅游服务站点
采摘园服务点
教育基地（果、茶、渔）
船菜
展销会
旅游服务站点
水塘
打渔码头
船菜

区域规划分析

紫石街

陆巷港

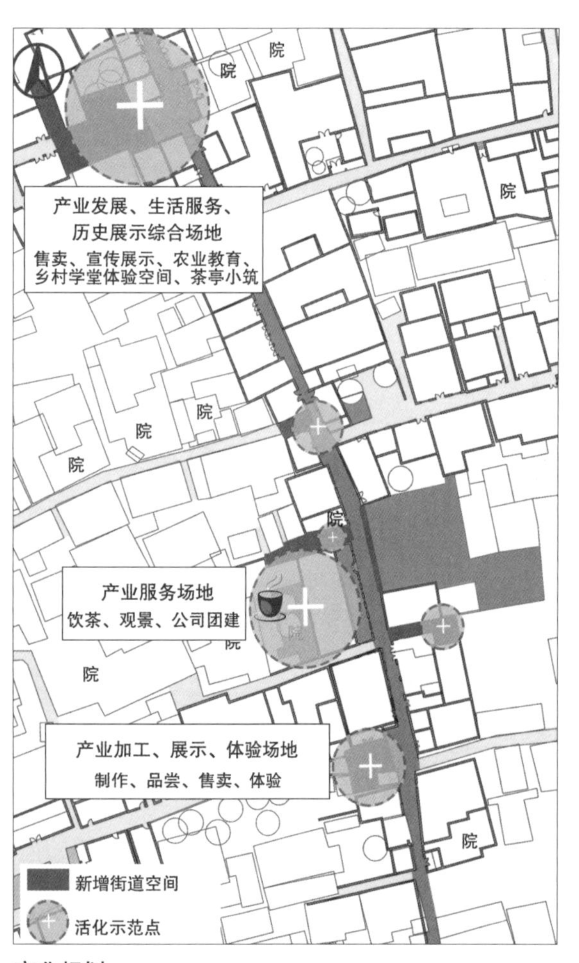
产业发展、生活服务、
历史展示综合场地
售卖、宣传展示、农业教育、
乡村学堂体验空间、茶亭小筑
产业服务场地
饮茶、观景、公司团建
产业加工、展示、体验场地
制作、品尝、售卖、体验
新增街道空间
活化示范点

产业规划

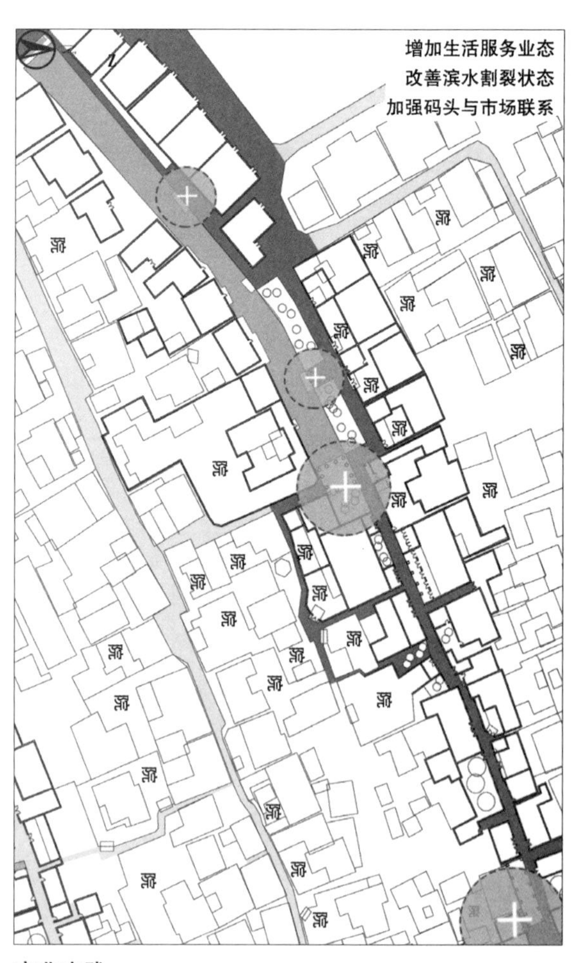
增加生活服务业态
改善滨水割裂状态
加强码头与市场联系

产业实践

区位分析

民国菜市场

改造策略：

（1）置入新功能：① 教育功能：乡村学堂、农业教育，学习种植技术与知识，提升村民对文旅行业的了解。开展当地儿童学习课程，如画画、写作等。② 宣传展示：通过展示景墙、小型讲座、表演等，体验村落空间，体验乡土建筑特色和现代田园生活。

（2）加强空间渗透：将原菜市场沿街排列的贩卖摊位调整为回字形围合式布局，增加贩卖摊位面积，增强菜市场与场地的空间渗透。村民可以在此交流、取水、熬制及售卖枇杷膏（生活和生产）。

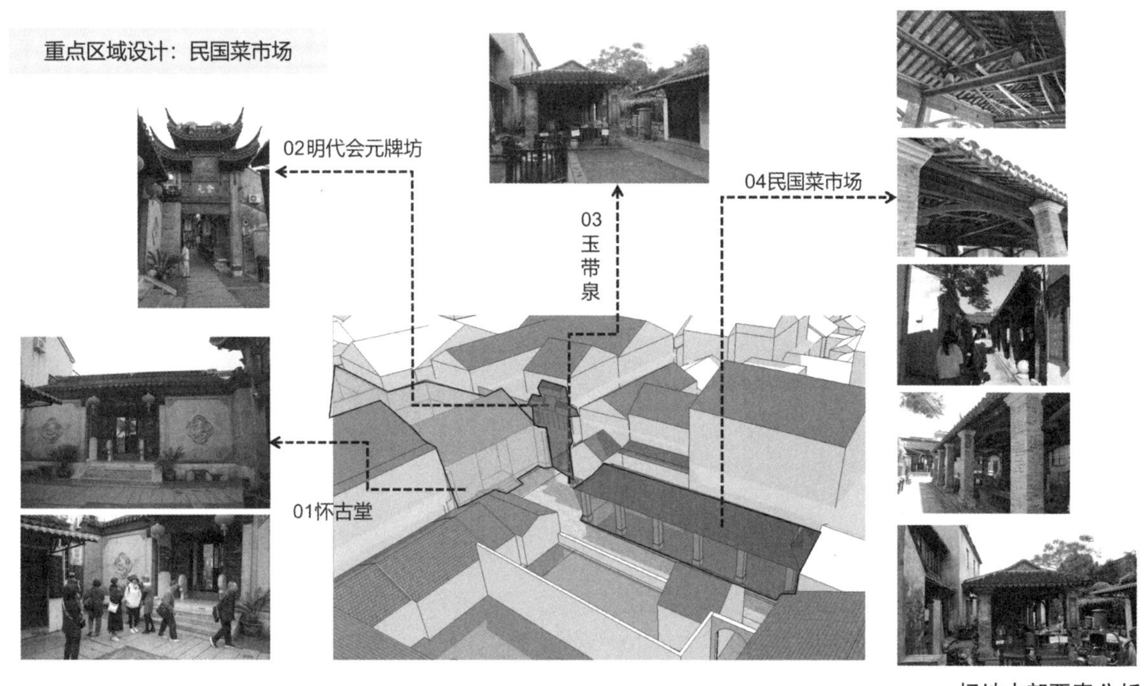
重点区域设计：民国菜市场
02明代会元牌坊
03
玉
带
泉
04民国菜市场
01怀古堂

场地内部要素分析

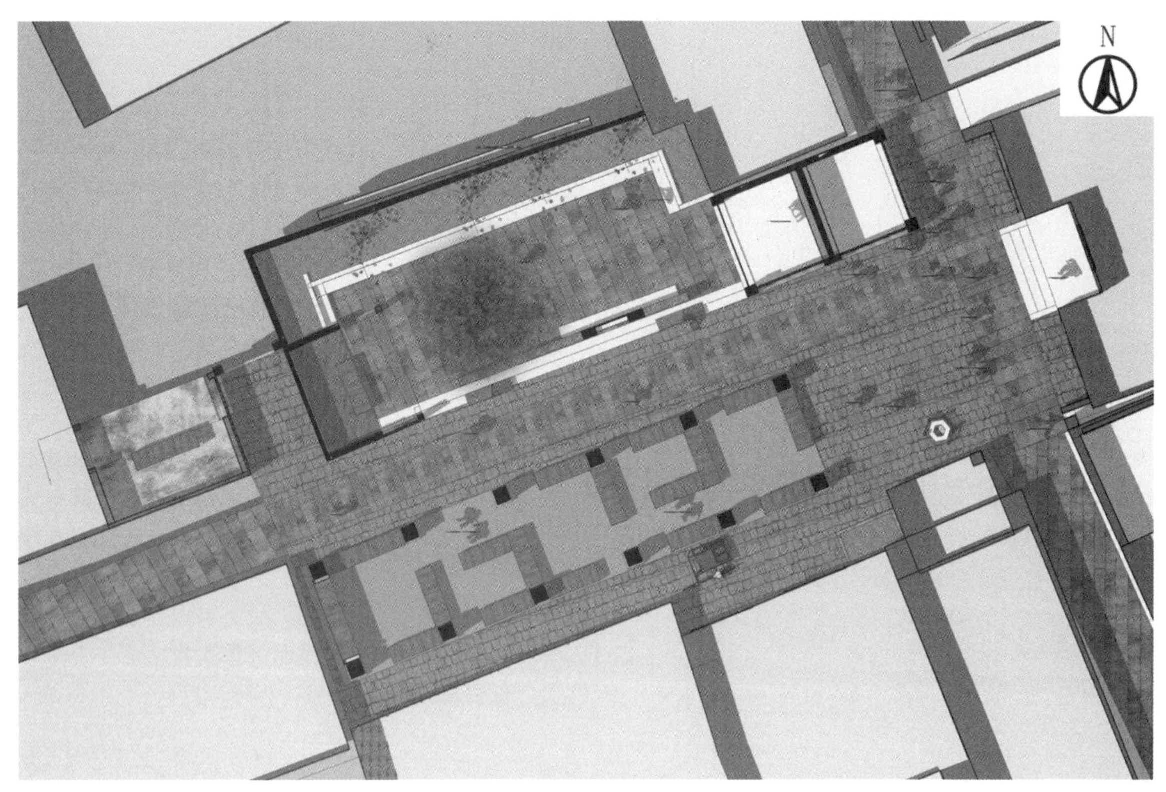
N

民国菜市场平面图

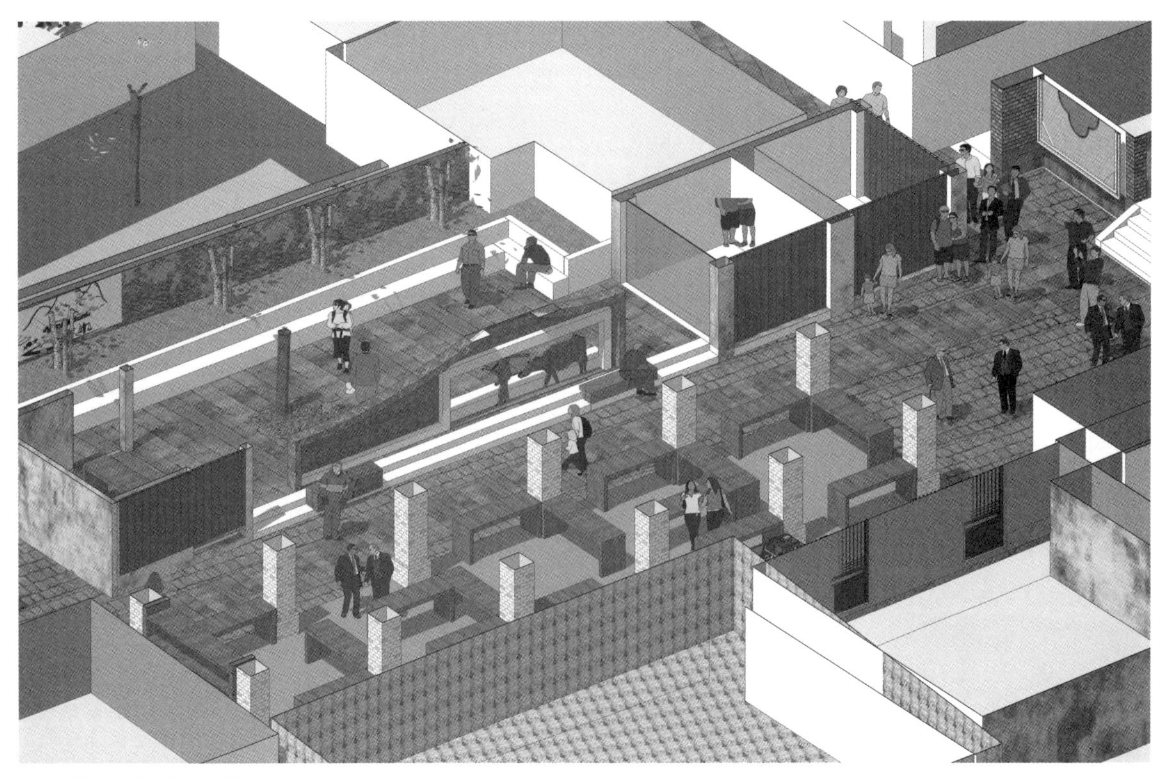

民国菜市场轴测效果图

民国菜市场空间效果图

陆巷港

陆巷港亭简介：

① 建筑宽9 m、长10.2 m，由16根圆柱支撑歇山顶组成，四面开放。陆巷港亭是观赏陆巷港河浜风景与河房、河埠、陆巷桥的绝佳之处，居民休憩、游玩、交流之所。

② 问题：现使用人群较少，景观资源与旅游资源未被充分利用。

陆巷港河浜景观简介：

① 河浜景观沿着凉亭与河道设计，绿地中有少许乔木与花草，2 m左右有围栏包围。

② 问题：现有围栏会遮挡视线；景观未经过设计，多为随意种植；景观与河浜、河埠头脱离。

北

区位分析

重点区域设计：陆巷港概况

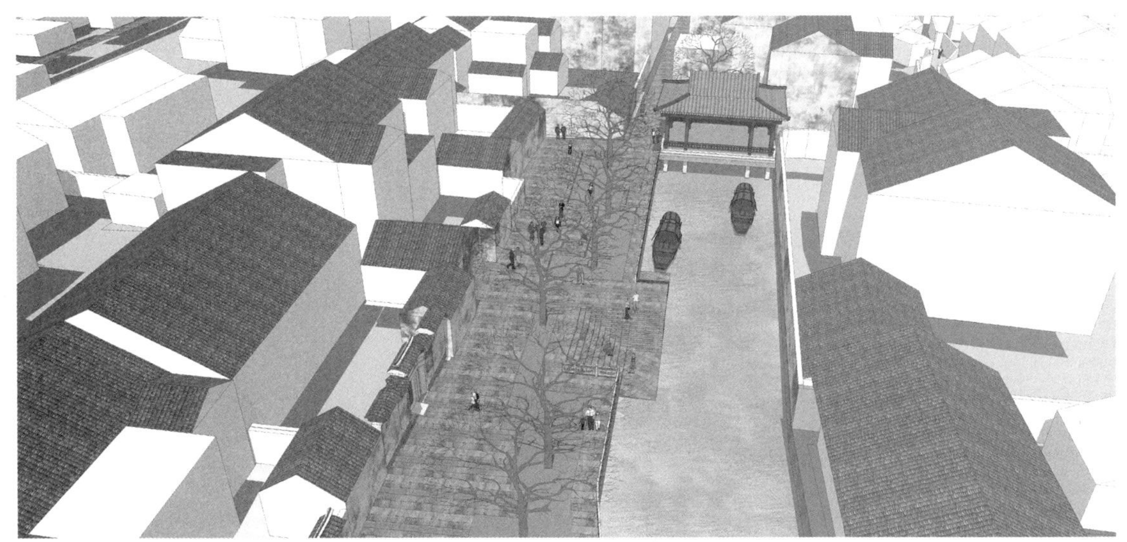

陆巷港空间效果图

3.5 堂里古村

“太湖云水经年，碧天点入龙团”是基于堂里古村的建筑和文化所提出的规划策略。

心远堂
供销社

规划设计从产业、人文与空间层面入手，梳理堂里古村现状问题与发展潜力点，提出从“生活、生产、生态”三个角度出发，结合空间的设计焕新，将空心化、景点单一的堂里古村打造为活态化、新老交织的特色传统村落。

谁摘碧天色，点人小龙团。太湖万顷云水，渲染几经年。应是露华春晓，多少渔娘眉翠，滴向镜台边。采采筠笼去，还道黛螺奁。
清·李兹铭
容德堂

堂里古村鸟瞰图

以村落活态化为导向，从堂里两大特色——碧螺春茶产业文化与香山帮建筑——视角切入，提出“三生融合、以点带面、活态触发”的发展总策略，优先针对古村核心片区和容德堂单体进行规划设计。

（1）近期

聚焦容德堂周边片区，打造游客与村民共享的村落核心活动区。

物质空间层面：三名堂功能提升，堂前公共空间活化，堂间关系塑造；重点街巷空间整治；村落整体风貌控制。

非物质文化层面：茶与香山帮文化的充分挖掘与宣传，公共空间的活动策划。

（2）远期

以更多元的活动策划、文创产品研发、新媒体宣传等推动乡村振兴走向城乡互哺。

物质空间层面：村内滨水空间活化；采摘园建设，缥缈峰游线串联；其他历史建筑、街巷整修。

非物质文化层面：从乡村振兴到城乡互哺；往乡村导入城市资源，向城市输出乡村价值，连接城市与乡村的物质精神需求。

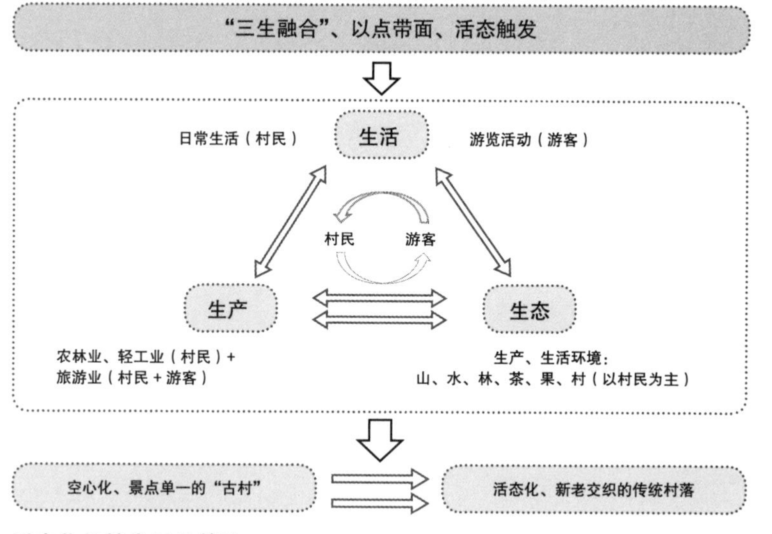
“三生融合”、以点带面、活态触发
日常生活（村民）
生活
游览活动（游客）
村民
游客
生产
生态
农林业、轻工业（村民）+
旅游业（村民+游客）
生产、生活环境：
山、水、林、茶、果、村（以村民为主）
空心化、景点单一的“古村”
活态化、新老交织的传统村落

活态化保护发展总策略

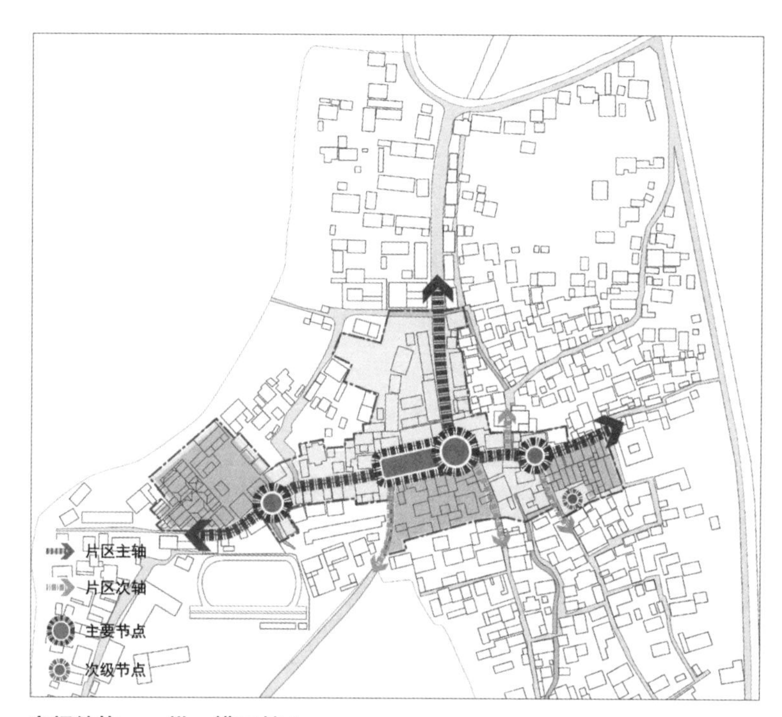
片区主轴
片区次轴
主要节点
次级节点

空间结构：一纵一横三核心

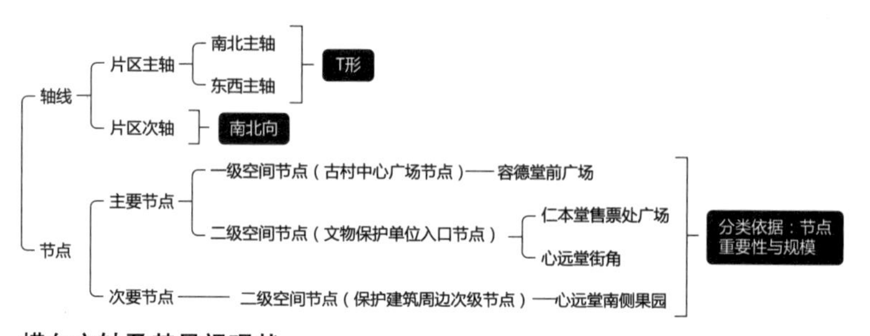
轴线
片区主轴
南北主轴
东西主轴
T形
片区次轴
南北向
节点
主要节点
一级空间节点（古村中心广场节点）—— 容德堂前广场
二级空间节点（文物保护单位入口节点）
仁本堂售票处广场
心远堂街角
次要节点
二级空间节点（保护建筑周边次级节点）—心远堂南侧果园
分类依据：节点重要性与规模

横向主轴及其导视现状

乡政府
供销社
电影院
20 世纪 50 年代

采购站、回收站
仓库 副食品门市部、日用部
百货大楼
生产资料部
派出所、税务局
民居
民居
民居
仓库
20 世纪 80 年代

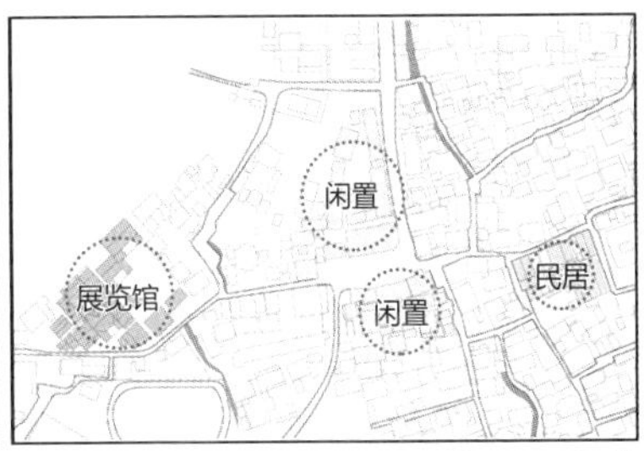
闲置
展览馆
闲置
民居
21 世纪 10 年代

建筑功能演变

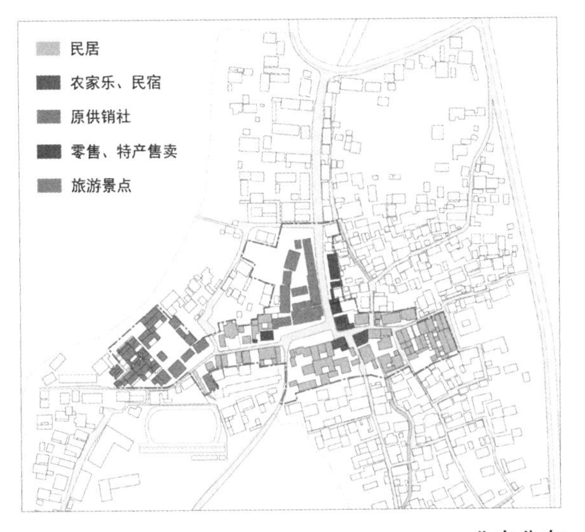
民居
农家乐、民宿
原供销社
零售、特产售卖
旅游景点
业态分布

使用
闲置

使用情况

省文物保护单位：仁本堂（雕花楼）
市文物保护单位：心远堂
市控制保护建筑：容德堂
历史建筑

仁本堂
以仁为本
西山雕花楼
心远堂
心远地自偏
容德堂
率惟谋从容德，以
竝受此丕丕基
三名堂

游客与村民行为交集区（街角、景点入口）的空间活力较强，主要发生零售活动。

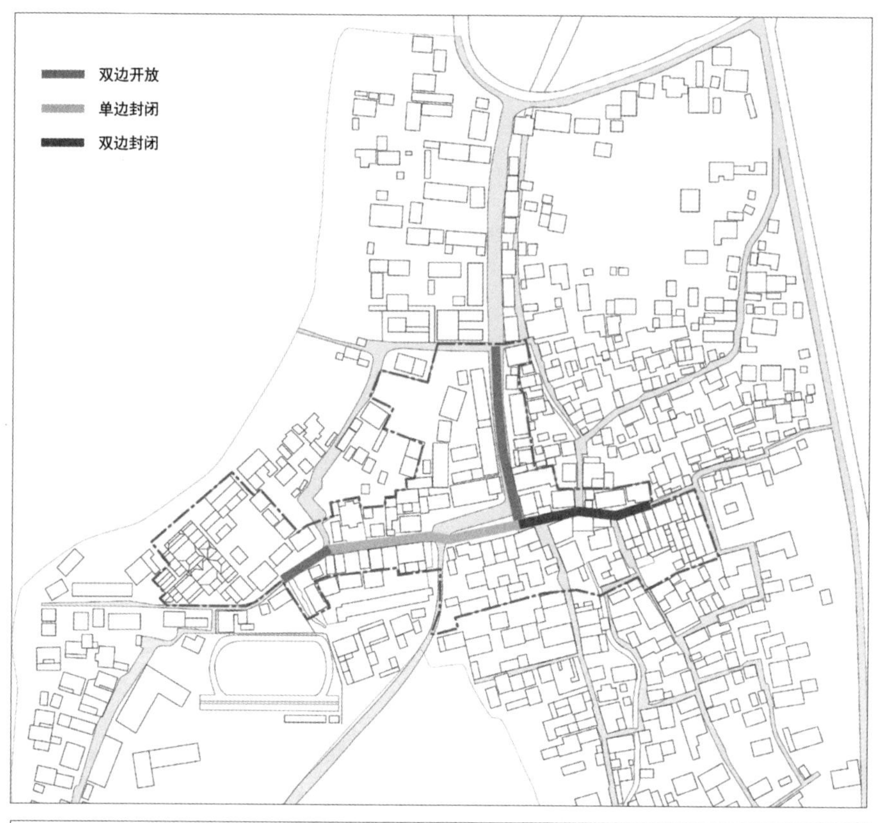
双边开放
单边封闭
双边封闭

街巷空间界面与尺度

游客
村民
二者行为主要交集区

停留型行为分布

存在问题：停车区域零散，人车流线混杂，影响村落风貌。

单边封闭0.5<D/H<1
双边开放D/H>1
双边封闭D/H<0.5
单边封闭D/H>1
游客活动
停留型
通过型
观览
休憩1
购买
步行1
村民活动
定点售卖
健身
骑三轮车、叫卖
休憩2
清洗
步行2

街巷空间界面与尺度

游客与村民行为

片区整体定位：游客与村民共享的村落核心活动区。

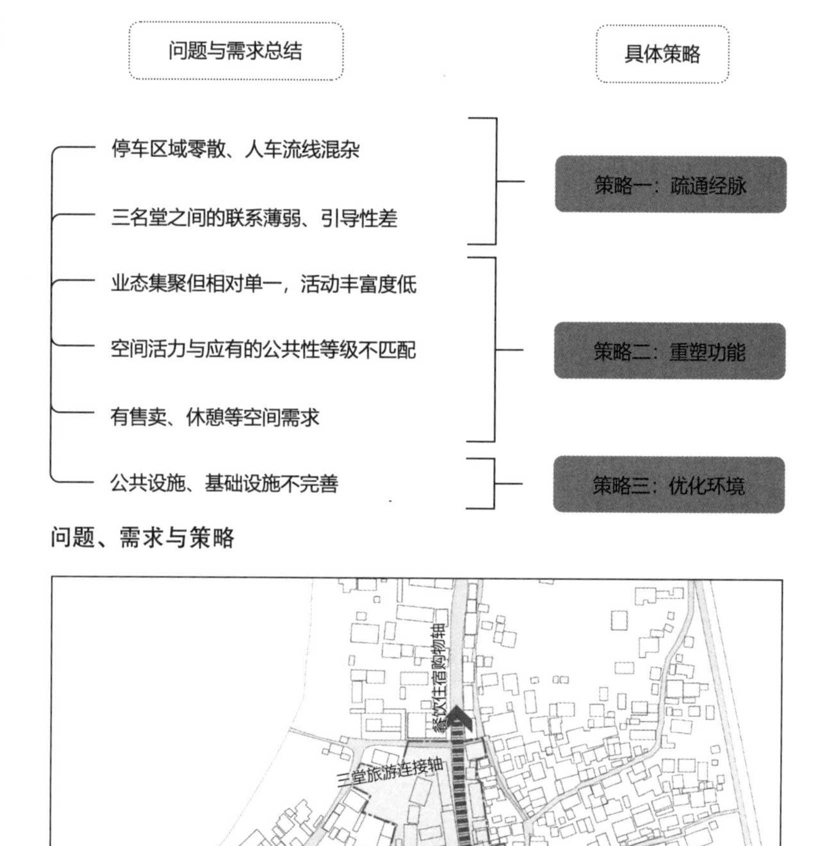
问题与需求总结
具体策略
停车区域零散、人车流线混杂
三名堂之间的联系薄弱、引导性差
业态集聚但相对单一，活动丰富度低
空间活力与应有的公共性等级不匹配
有售卖、休憩等空间需求
公共设施、基础设施不完善
策略一：疏通经脉
策略二：重塑功能
策略三：优化环境

问题、需求与策略

餐饮住宿购物轴
三堂旅游连接轴

主轴功能定位

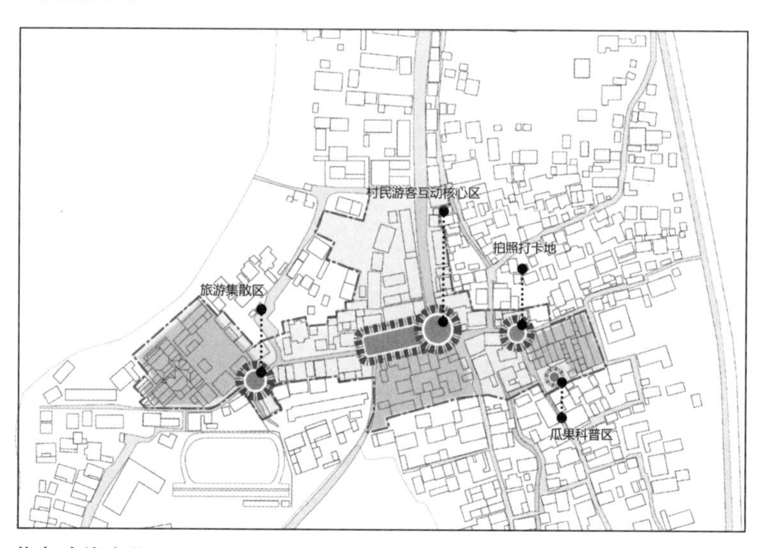
村民游客互动核心区
拍照打卡地
旅游集散区
瓜果科普区

节点功能定位

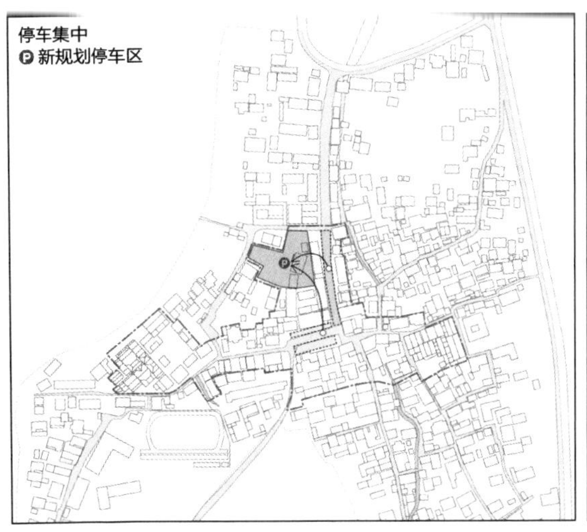
停车集中
新规划停车区

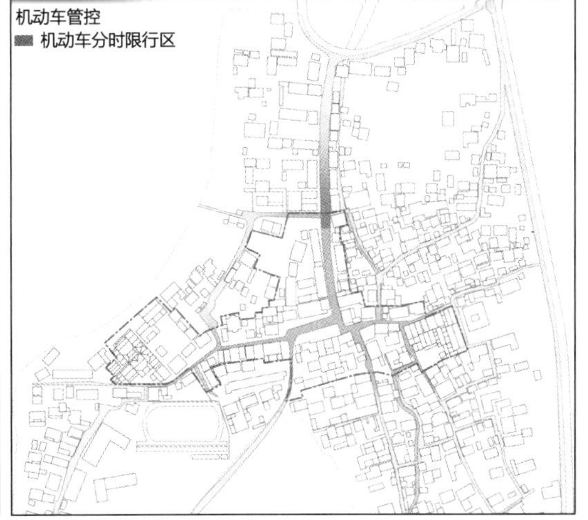
机动车管控
机动车分时限行区

策略一

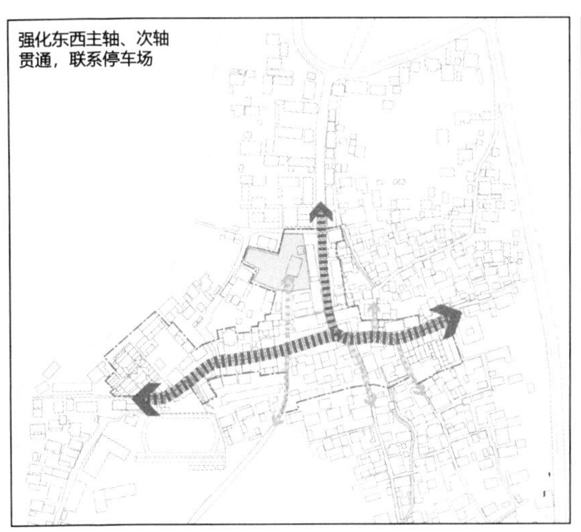
强化东西主轴、次轴
贯通，联系停车场

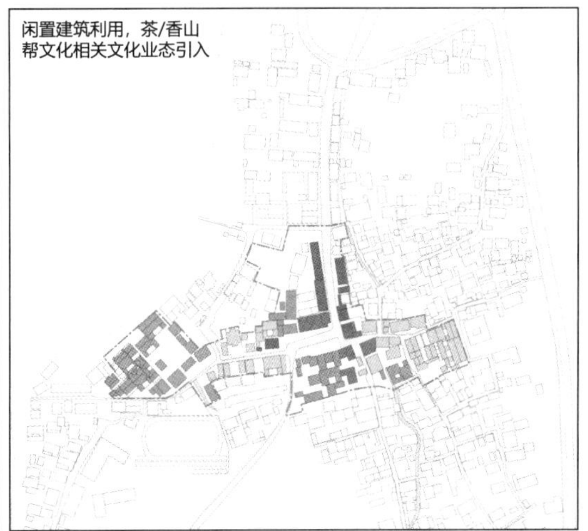
闲置建筑利用，茶/香山
帮文化相关文化业态引入

策略二 A

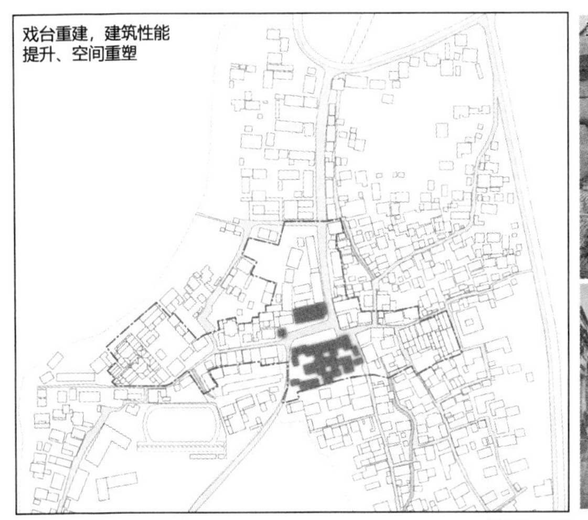
戏台重建，建筑性能
提升、空间重塑

策略二 B

三线入地、污水整治、设施增设、景观优化

策略三

片区规划策略